城市
改变世界
CITIES CHANGE THE WORLD

[法]巴黎大区研究院 编著

邵 丹 张丹妮 等译
樊 朗 校

中国建筑工业出版社

审图号: GS 京（2023）2352 号（本书插图系原书插图）

著作权合同登记图字: 01-2023-6261 号

图书在版编目（CIP）数据

城市改变世界/法国巴黎大区研究院编著；邵丹等
译. —北京: 中国建筑工业出版社，2023.11

书名原文: CITIES CHANGE THE WORLD

ISBN 978-7-112-29070-3

Ⅰ.①城… Ⅱ.①法… ②邵… Ⅲ.①城市规划—研
究—世界 Ⅳ.① TU984

中国国家版本馆 CIP 数据核字（2023）第 160331 号

责任编辑: 石枫华　率　琦

责任校对: 王　烨

城市改变世界
CITIES CHANGE THE WORLD

[法]巴黎大区研究院　编著

邵　丹　张丹妮　等 译

樊　朗　校

*

中国建筑工业出版社出版、发行（北京海淀三里河路9号）

各地新华书店、建筑书店经销

北京点击世代文化传媒有限公司制版

天津裕同印刷有限公司印刷

*

开本: 787 毫米 ×1092 毫米　1/16　印张: 12¼　字数: 265 千字

2024 年 1 月第一版　2024 年 1 月第一次印刷

定价: **158.00 元**

ISBN 978-7-112-29070-3

（41741）

交流互鉴、推陈出新

我对巴黎大区研究院出版这一具有鲜明时代性的文集表示祝贺。本书传递了全球各地大城市研究者和实践家的一线经验，带入了巴黎视角的延伸讨论，兼具理论和实践价值。我院很高兴资助了邵丹、张丹妮等青年专家完成本书的翻译，并作为两院学术交流战略合作的成果之一，希望能让更多的读者了解全球城市实践的前沿。

21世纪初，弗里德曼和萨森将城市研究与全球经济和金融系统运作相联系，认为世界城市是全球经济系统的重要部分，是全球化发展到成熟阶段的产物。世界城市或全球城市的学术概念也触发了政策层面的认同与思考，如上海提出发展目标是"卓越的全球城市"，深圳到2025年要实现"经济实力、发展质量跻身全球城市前列"等。根据GaWC①的研究，2020年符合世界城市标准的中国城市数量已达26座，占全球比重的11.6%，中国城市已深度融入经济全球化进程，并成为全球城市体系的重要组成部分。

2008年全球金融危机、2020年以来的新冠肺炎疫情等冲击了全球经济体系，引发了对世界城市的批判性反思。回到彼得·霍尔1967年对世界城市的描述，除了经济，世界城市仍然在政治、文化、科技和生活方式等方面释放广泛的影响力。如巴黎大区议会主席佩克雷斯所提到的，"世界城市面临相近的挑战"，包括气候变化、资源环境、社会公平、文化传承与保护等方面，而城市的策略和模式具有普遍意义。

中国的快速城镇化进程与经济全球化密不可分。2001年，全国居住在城镇的人口比重为37.7%，2011年突破50%，2021年达到63.9%，20年来城镇人口增加了4.5亿。与此同时，我国的城镇空间结构和形态也出现了较大变化，孕育出长三角、粤港澳等巨型城市区域，涌现出许多特色鲜明的城市群和都市圈，同时面临部分地区和城市的"衰退危机"。本书汇集的案例面临多种现实挑战，对我国城市转型发展具有借鉴意义。

过去，我国的城市工作取得了世界瞩目的成绩，提供了安全便利的城市环境，基本满足了经济社会发展的需要。为应对新阶段新挑战，党的二十大报告确立了"坚持人民城市人民建、人民城市为人民"的重要理念，提出加快转变超大、特大城市发展方式，以及打造宜居、韧性、智慧城市。以上城市面临的紧迫性问题，还有待我们继续探索、不断总结，贡献中国智慧。

王凯

中国城市规划设计研究院院长
全国工程勘察设计大师

---

① 全球化与世界城市研究小组与网络（Globalization and World Cities Study Group and Network，GaWC）是1999年创立于英国的城市研究专业机构，自2000年以来持续发布年度世界城市名册。——译者注

译者前言

　　2019年我在法国巴黎大区研究院访学期间，对这本即将面世的新著很感兴趣。当时这本书的英文版还在排版过程中，国际合作部总监埃里克海布雷赫茨（Eric HUYBRECHTS）先生鼓励我将其翻译成中文，并带我结识了本书作者之一保罗洛克哈德。保罗先生在巴黎大区研究院工作了30余年，是多版巴黎规划的参与者。即便已经是资深的专家，他仍然保持着对城市动态的好奇和思考——本书大量的评论文章由他撰写，多幅插图也是由他本人拍摄绘制的。他既是思想家，也是行动派。

　　在院里和所里的支持下，我组建了一个翻译小组，他们是我信赖的同事和朋友，很多人有留学英国和美国的经历，其中，张丹妮翻译了第一部分，并在统稿和定稿过程中做了大量认真而细致的工作；秦佳星翻译了第二部分；翟家琳翻译了第三部分；我本人翻译了第四部分。法国斯特拉斯堡建筑学院研究员樊朗作为本书的审校，提出了很多卓有成效的意见和建议。特别感谢中国建筑出版传媒有限公司的石枫华、率琦两位编辑对出版该译著的大力支持。

　　由于原文作者来自世界各地，一些概念的使用与我国惯例不同，我们在尽力避免混淆的同时，在必要处标出了原文，以便读者查阅。为求翻译的流畅且达意，译著部分内容参照了法文版。最后，受限于知识和水平，本书定有不少纰漏之处，还请读者见谅。

邵　丹

中国城市规划设计研究院

区域规划研究所主任规划师

走向以人为本的城市区域①

在这个经济全球化的时代,巴黎大区(也称法兰西岛)以无数优势吸引了投资者、机会、人才和游客的到来。得益于大区议会及其合作伙伴推行的积极政策,过去三年,首都的吸引力持续增强,最近的国际排名也可窥见一斑。当然,国际竞争不会掩盖我们与其他城市的合作与依靠。世界城市面临相近的挑战,在很多方面可以相互借鉴。

纵观全球,大都市化是过去20多年发展的动力,是以知识经济和信息经济为特征的经济转型在城市中的具体体现。与此同时,大都市始终处在问题前沿,面对国际移民、气候变化以及生物多样性退化等重重挑战。因此,我们的城市需要创新,需要找到更加高效的经济、社会、科学和产业的解决方案。

为了确保在世界舞台的影响力并紧跟转型,巴黎大区正在实施一项重要计划。2019年"大巴黎计划"迎来十周年,这个强有力的愿景将根本改变首都的面貌,甚至改变整个法国。这项计划将引领未来几十年的发展,并且已经向前迈出了坚实的步伐。随着大巴黎快线的动工,我们也会持续不断地推进工作。

我们必须证明自己无愧于遗产,有能力创新,并迎接时代的挑战。保罗·德鲁维尔是20世纪60年代的"新城"之父,现在该由我们继续建设以人为本的城市,最终使人、自然和城市能够和谐共处。

我提议新的城市发展模式应基于五大支柱,分别是:保护自然和资源的城市开发;"邻近性"概念,有助于建设更友好、更绿色的城市,减少对小汽车的依赖;智慧城市,合理整合数字技术与创新;区域均衡,多中心发展模式为每个人就近提供机遇;公众参与和讨论,每次决策之前都应开展。

大区议会坚定地致力于将巴黎建设成为领先的大都市区,能够对其他城市有所启发,成为富有吸引力、环境友好和包容的城市区域样板。

我们很想知道世界各地正在发生什么,我们的行动也受到了世界各地最佳实践的启发。这正是巴黎大区研究院出版本书的意义——发现和分析全球大城市在转型方面的策略、试验、项目和工具。毫无疑问,这本由全球高水平专家贡献的突破性文集,必将成为一个重要的里程碑。

瓦莱丽·佩克雷斯(Valérie Pécresse)
巴黎大区议会主席(President of the Île-de-France Region)
巴黎大区研究院主席(President of L'Institut Paris Region)

---

① 城市区域是西方城市地理学研究的重要领域,相关概念包括大都市带、都市连绵区、城市群等,2001年以来,全球城市区域概念掀起了"城市区域主义"的治理浪潮,得到各个国家的广泛关注。——译者注

目 录

P.107
第三部分　探索

P.147
第四部分　展望

P.194
20 座世界最大的城市

封三和后勒口图：城市的世界，2000 年、2030 年、2100 年

大都市：城市转型的载体

大都市是当今世界重大变革的载体。

这里是创造财富和创新技术的地方，也是资金和人口流动的中心。

全球的大都市都在寻求突破固有的发展模式，

探索既能减少生态足迹和能源消耗，又能保持竞争力和宜居性。

但是要从日新月异的变革中脱颖而出，大都市还有很长的路要走。

****

保罗·洛克哈德（Paul Lecroart），巴黎大区研究院高级城市规划师

里奥·福库奈（Léo Fauconnet），巴黎大区研究院政治学家、城市规划师

马克西米利安·高力克（Maximilian Gawlik），巴黎大区研究院景观建筑师和规划师

在全球化、金融化和数字技术快速发展的刺激下，过去的 15 年里，特别是 2008 年金融危机以来，大都市聚集了大量的全球现金流。大都市前所未有地成为移民枢纽和世界文化的熔炉，塑造了全球化社会价值观。大都市区如今是全球互联城市体系的单元，包括成熟的全球城市（纽约、伦敦、巴黎等）、全球城市竞争者（上海、多伦多、悉尼等）以及新兴全球城市（深圳、孟买、圣保罗等），组成了一个不限于国家范畴的世界。大都市之间越来越相似：如同伊塔洛·卡尔维诺的书中人物马可·波罗所言，"全世界被一座没有开始也没有结束的城市所覆盖，只有机场的名字不同"。[1]

大都市的使用强度在提高：经历了 20 世纪一个时期的去工业化和衰退以后，从新千年开始，那些成熟的城市正在享受吸引力的回流，特别是城市中心区。城市经济结构围绕金融、高等级服务和创新实现了重组。就业和居住密度、交通和地产，以及教育、娱乐和文化机会都在增加。摆脱汽车以后，大都市的公共空间正在转变为提供多种用途和多样化交通的露天休息区，在全球城市营销中备受关注。在城市中心区加密的同时，城市外围地区一直在蔓延，使自然和农村地区更加碎片化，大都市区整体密度持续降低。

城市物种

在过去的 20 年，世界比以往变化得更快。地球被大规模城市化和人类化：一些人认为，人类物种是一个新的地质时代的起源——人类世，主要特征是人类在地球系统的生物物理平衡上的主导地位。[2] 地球目前有 77 亿人口，42 亿居住在城市中[3]：2007 年，人类历史上第一次实现超过一半的全球人口居住在城市（目前是 55%），并因此失去了与自然的古老连接。据推测，到 2030 年将会有 50 亿城市居民，到 2050 年达到 67 亿（68%），相当

于 1975 年地球人口总量的两倍……

20 世纪 70 年代，全世界只有 4 个人口超过 1000 万的"超大城市"（东京、纽约、大阪和墨西哥城）。2019 年，超大城市增加到 33 个（包括巴黎），到 2030 年将达到 43 个。[4] 巨型城市区域的出现，例如中国的长江三角洲（8000 万人）和珠江三角洲（4700 万人）以及印度尼西亚的雅加达地区（2600 万人），显示出世界的重心正在转向亚洲。到 2050 年，90% 的全球城市增长将发生在亚洲和非洲，并诞生第二个巨型城市的世界，还有贫民窟。根据一些预测[5]，到 2100 年全球最大的 10 个城市将是拉各斯、金沙萨、达累斯萨拉姆、孟买、德里、喀土穆、尼亚美、达卡、加尔各答和喀布尔，每个城市都将超过 5000 万人口（图表和数据见第 194 页）。

社会危机

作为成功的代价，大都市加剧了 20 世纪下半叶以来发展模式的不平衡。2000—2010 年期间，欧洲和北美洲后工业城市令人瞩目的复兴，使一些经济学家过于乐观。2002 年，理查德·佛罗里达（Richard Florida）认为"创意"阶层将使城市更加繁荣和宜居。[6] 2011 年，爱德华·哥拉尔斯写作的畅销书《城市的胜利》[7]，其副标题定为"人类最美丽的创造如何让我们更富裕、更智慧、更绿色、更健康、更幸福"！

15 年后，事情的走向迥然不同：还是那位理查德·佛罗里达，他在《新城市危机》一书中感叹[8]，与日俱增的社会分化和中产阶级贫化正在美国最"成功"的城市中发生。究其原因，增长的住房消费和停滞的工资之间出现了断裂，与此同时，国际资本令人目眩地集中在房地产领域。[9] 2008 年金融危机以来，纽约、伦敦、新加坡和迪拜的中心区已经成为"垂直保险箱"，亿万富豪的流动资金在这些豪华摩天大楼中得到保障，从而加速驱逐了中产阶级，增加了资产泡沫危机。[10] 如在巴黎大区等地，社会空间隔离正在增加[11]，威胁着地区凝聚力。不过有些地方得以幸免，例如慕尼黑、哥本哈根、柏林和奥斯陆。大都市存在相对较高的贫困、失业和公共资源紧缩问题，艰难承担着融合新移民的历史角色，无家可归者几乎到处增长。

生态危机

根据政府间气候变化专门委员会（IPCC）的测算，按照当前速度，到 2100 年全球变暖将至少达到 3℃。尽管 55% 的城市人口生活在 2% 的地球土地上，城市仍然消耗了四分之三的能源和自然资源，排放了 70% 的二氧化碳。这些数据仍在增长，因为城市发展方式 86% 依赖于化石能源（石油、天然气、煤炭）。[12] 税收和公共政策没能减少独立住房消费、城市扩张和汽车使用，进一步加剧了拥堵和污染，并影响到公共健康。与城市化相关的土地人工化和环境污染造成了全球生物多样性的显著下降。全球城市的生态足迹超过了其资源承载能力：例如伦敦的生态足迹相当于其地域面积的 124 倍[13]，比整个英国国土面积还要大……

洪水、热浪、飓风、山火，面对气候变化的现实问题，大都市正在意识到其脆弱性。很多城市的供水将成为问题，海平面上升也会威胁到伦敦、上海、拉各斯和达卡等沿海

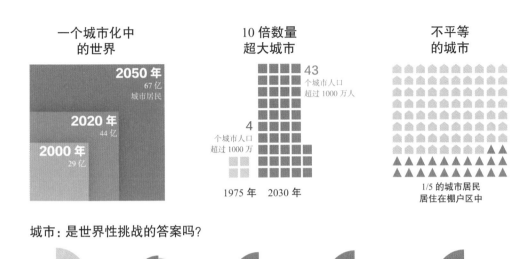

资料来源: 联合国，世界城市展望（2018 修订版）; 联合国人居署，为更好的城市未来而努力——2018 年度进展报告; 刘志峰等。世界上有多少土地已经城市化? 避免混淆的分层框架 [J]. 景观生态学, 2014; 联合国, https://www.un.org/en/climatechange/cities-pollution.shtml, 2019; 联合国人居署, 世界城市报告, 2016。

城市。这些危机可能会与其他灾难（地震、瘟疫、恐怖袭击等）并发，使城市韧性成为切实挑战。

城市能改变世界吗?

　　面对这些情况，城市愿意积极作出改变。通过一些组织，例如世界城市和地方政府联盟（UCLG）、C40 城市气候领导联盟、全球 100 韧性城市项目、碳中和城市联盟，城市正在采取共同行动抵抗气候变化，寻求更加可持续、更加公平、更加绿色的城市发展模式。在 2015 巴黎协定，也就是限制全球暖化到 2℃ 以内的问题中，城市扮演了关键角色。城市在"人居三"[14] 提出的《新城市议程》，以及联合国可持续发展目标（2016）中发挥了至关重要的作用，其中目标十一是"使城市更加包容、安全、韧性和可持续"。超过 9600 个地方和区域政府，近 60 个国家签署了全球气候与能源市长公约（GCoM），承诺减少二氧化碳排放 13 亿吨，相当于减少 2.76 亿辆小汽车。

　　这些城市认为，到 2050 年减少全球生态足迹和排放至少达到 80% 是至关重要的经济和社会挑战。尽管将会面临很多困难，巴塞罗那、斯德哥尔摩、伦敦、巴黎、波士顿、悉尼和墨尔本，还有其他一些城市已经公开表示在 30 年内实现碳中和的目标。近 10 年，气候和能源计划以及低碳战略发展出越来越综合性的方法: 例如，2014 年采纳的纽约

2050 规划，在 PlaNYC（2007）基础上提出了系统行动，包括住房、社会公平、能源、韧性、气候、绿化、水管理和循环经济等方面。

长期的气候和能源战略需要依靠大量的公私投入：建筑能源消耗的减少、可循环能源的发展、废物和材料的回收、绿色基础设施、可持续的交通措施等。这些战略正在融入空间规划当中，很多城市正在启用 2040 年或更长远的新的总体规划，基本原则包括密度[15]、紧凑和多中心。一些城市使用了"城市生态区"[16]的概念，使大都市区和农村地区围绕一种更加自足的模式相连接。一些生态城市规划的先锋城市，例如斯德哥尔摩、马尔默和温哥华正在将他们的生态街区经验在更大尺度上使用。还有一些数字巨头正在参与重要城市项目（多伦多）和城市管理，引发了合法性的担忧。

城市正在重新发现其地理和"自然或本性"。城市正在与它们的河流重新连接（纽约），恢复填掉的河流（首尔），恢复水环境的自然状态（慕尼黑），并且修复郊区河谷（米兰）。同时，由于集约化农业，城市正在成为生物多样性的岛屿，为受到威胁的动植物提供庇护。为了降低高密度建成区的温度，城市鼓励使用绿色屋顶、墙面和露台（新加坡），设置最低绿化密度（柏林），开发城市森林[17]（温哥华）、湿地（伦敦）和农地带（麦德林）以及区域级的城市公园（墨尔本）。[18]这些项目常常来自市民的倡议，人们总是更愿意参与创造新的生态和以人为本的开发方式，就像在"城市转型"的全球运动中所见的那样。[19]

一个新时代？

这些改变能否指向范式的转变？现在定论可能还为时尚早，经济增长和温室气体排放的脱钩仍然只是初探，并且只见于发达国家的一些城市。但有一件事可以确定，城市和人类面临的加速变化（生态、能源、经济、数字和民主政治等），正在引起巨大的不确定性。

按照一些作者的说法，我们正在经历自 1945 年以来的"人类大转变"，其重要性可以与新石器革命或首批城市出现相提并论。[20]另外一些人（例如麦克·卢梭）认为我们正在到达大都市的终点，需要创造更本地化的生产方式。还有一些人预测，明天的城市将能够实现能源的自给自足，回收所有需要的材料，甚至恢复地球的自然环境。[21]

在密度和宜居性之间、在竞争和社会公平之间、在自由和管束之间、在生态和"一切照旧"之间，未来的城市正在做准备和被讨论。每个城市都有自己的体系和特长，可以成为一个生动的实验室，用以发明治理大多数人类居住空间的方法。时间就是城市和区域转型的原材料。尽管需要迅速决策和即刻行动，我们也要保持对个人和集体选择长远影响的判断。■

新银河系漫游指南

城市间的国际比较和交流一直刻在巴黎大区研究院的基因里[*]，为相关人员提供信息和策略启发。仔细观察其他城市正在做什么，对于比较和评估变化，提供启发和拓展可能性都至关重要。本书源于2014—2017年我院参与纽约区域规划国际咨询期间[**]，很多大都市的专家相聚在一起。本书依赖于同很多城市和专家组织的交流，并汇集了大量的作者[***]，他们的背景、方法和观点各式各样，包括城市战略专家、城市规划师、区域规划师、地理学家、经济学家、研究人员、建筑师、景观设计师、生态学家、社会学家等。

本书共分四个部分。"大都市"（第15页）部分聚焦大都市地区的挑战、路径和战略，以及经济的成功、面临的危机和不确定的未来。该部分对比了成熟的全球城市与新兴大都市，试图分析他们的城市政策，启发对巴黎的思考……

"蝶变"（第71页）部分讲述了富有战略的、行动敏捷的、组织有效的城市和区域的故事，在应对危机中，这些城市成功地在一两代人的时间内改变了轨迹。他们的经验可能说明大都市必须适应快速的转型，并找到更富韧性的路径，以应对未来的危机。

"探索"（第107页）部分聚焦正在进行的举措，分析了世界各地的项目和试验，包括巴黎大区在内，帮助建立更具生活性、更紧凑和更绿色的城市，使经济更有吸引力，社会更加包容。这些探索可能作为改变的催化剂，引出未来更加可持续的城镇化模式。

"展望"（第147页）部分是提供理解世界大都市的关键，以及展示他们可能的未来。这一章展现了城市如何围绕环境和社会问题，在国际网络的支持下于全球范围重新定位。它不仅证实了私人投资者和数字巨头力量的增长，还证实了普通市民战略、战术和创造性作用的增强，并且通过案例描绘了城市之间、大都市区之间、区域和国家之间的新型合作形式，同时提到了为了应对新的挑战，战略改变可能是必要的。∎

* 《巴黎和八个世界城市》，l'IAURP（巴黎大区研究院的前身）出版文集第二卷，1965年6月。《欧洲大尺度城市开发项目》，文集第146卷，2007年6月。

** 纽约第四届区域规划国际咨询会，由国际区域规划联合会组织（RPA）。

*** 作者于2018—2019年夏天发送初稿，文章标题和副标题由巴黎大区研究院润色。

1. Calvino，Italo，*Invisible Cities*，Harcourt，San Diego，1974.
2. 代表人物是保罗·约瑟夫·克鲁森（Paul Josef Crutzen，1995年诺贝尔化学奖获得者）和尤金·斯托默（Eugene Stoermer）。
3. 《世界人口展望》，联合国，2019年。
4. 《世界城市展望修订版》，联合国，2018年。
5. Hoornweg，Daniel and Pope，Kevin，*Socioeconomic Pathways and Regional Distribution of the World's 101 Largest Cities*，*Global Cities Institute Working Paper*，2014.
6. Florida，Richard，*The Rise of the Creative Class*，Basic Books，2002.
7. Glaeser，Edward，*Triumph of the City. How Our Greatest Invention Makes Us Richer，Smarter，Greener，Healthier，and Happier*，Penguin Press，New York，2011.
8. Florida，Richard，*The New Urban Crisis*，Basic Books，2017.
9. 根据乐施会（Oxfam，2018）的数据，世界上26位最富有的人拥有的财产与50%最贫穷的人一样多。
10. 瑞银全球房地产泡沫指数，2018年9月。
11. Sagot，Mariette，*Gentrification et paupérisation au cœur de l'Île-de-France. Évolutions 2001—2015*，IAU îdF，2019.
12. 《能源与韧性城市》，经合组织，2014年。
13. Girardet，Herbert，个人交流，2018年10月。
14. 新城市议程，联合国，基多，2016年。
15. Ståhle，Alexander，*Closer Together. This is The Future of Cities*，Dokument Press，2016.
16. Magnaghi，Alberto，*La biorégion urbaine*，2014.
17. Cities4Forests计划涉及大约60个世界城市。
18. Beatley，Timothy，*Biophilic Cities. Integrating Nature into Urban Design and Planning*，Island Press，2011.
19. Transition towns. www.transitionnetwork.org.
20. Afriat，Christine and Theys，Jacques（ed.），*La Grande transition de l'humanité. De Sapiens à Deus*，FYP éditions，2018.
21. Girardet，Herbert，*Creating Regenerative Cities*，Routledge，2015.

第一部分

大都市

****

　　巴黎大区，一座全球城市，不断扩充的超大城市俱乐部的一员，以及总人口超过 1000 万的城市聚集区。特大城市和大都市区间日益互联，全球化程度不断提高。它们塑造了世界经济和生活方式。过去 20 多年来，特大城市发生了巨变，一方面吸引着资本和人才，一方面也变得更加脆弱（恐怖主义、飓风、洪水等），不得不面对可负担住房短缺、中产阶级外迁、大气污染和交通拥堵等问题。从纽约到伦敦、东京、北京、香港、墨西哥城和约翰内斯堡，都在研究和制定战略、规划和重大项目，以应对这些现实问题。

布宜诺斯艾利斯：
从城市道路视角看 31 区
摄影：CHRISTOPH WESEMANN

转变中的特大号（XXL）城市：
战略和项目

巴黎、伦敦、纽约、东京、北京、首尔、圣保罗等，
超大城市处于多种矛盾的中心，包括经济全球化和本地需求之间的矛盾、
竞争效率和区域公平之间的矛盾、增长和生态可持续之间的矛盾、
提高密度和城市降温之间的矛盾等。
尽管这些常常被认为"不可治理"，它们仍然制定了各种不同尺度的规划和战略，
启动了大型框架性项目，并且引领创新试点。

****

保罗·洛克哈德，巴黎大区研究院高级城市规划师

里奥·福库奈，巴黎大区研究院政治学家、城市规划师

马克西米利安·高力克，巴黎大区研究院景观建筑师和规划师

相比于各自的邻近地区，老牌全球城市（纽约、东京、巴黎等）以及正在兴起的超大城市[1]（墨西哥城、德里、上海等）之间有更多的共同点。发达国家和发展中国家大都市的差异正在变得越来越模糊。21世纪以来，在国际竞争的推动下，发达国家的大都市进入了城市复兴的高强度周期。它们的中心区正在不断变强，而外围郊区的增长则普遍趋缓（机场区和物流区除外）。

大都市的形态越来越取决于私人投资者的金融策略和可用土地的稀缺性，这导致加密发展和垂直发展的趋势更加明显，有时不免对景观、生活质量以及社会和区域平衡造成破坏。长期规划仍然发挥作用，尤其是在保护自然地区和管理交通投资（机场、高速列车、城郊列车、地铁）等方面。但是，自2008年全球金融危机以来，长期规划开始让位于为投资者提供短期利润的"项目规划"。地方政府有时也鼓励土地和房地产的投机行为：在中东、非洲，甚至欧洲，与本地需求脱节的"鬼城"与"鬼街"正在不断涌现。

竞争与发展

由于经济上放松管制，全球竞争变得更加激烈，在此背景下，大都市在成为盟友之前，往往都是竞争对手。2011年，为了与上海和新加坡竞争，东京在其核心地区建立了一个低税率区，规划管制相对宽松，旨在吸引亚洲公司总部和研发中心。但是人口老龄化正在为这个世界最大的大都市带来不确定性（参见市川宏雄的文章，第44页）。

北京的战略是基于建设一个什么样的首都，怎样建设首都：《北京城市总体规划（2016—2035年）》旨在将北京建设成为国际一流的和谐宜居之都，并彰显强大中国的愿景。这与上海和大湾区的定位不同。[2]为了应对交通拥堵、污染和供水等问题，北京将与"首都功能"无关的就业和工作人员疏解到远郊新城，将其人口规模控制在2300万以内（参见王飞等人的文章，第50页和耶利米·德斯坎普斯（Jérémie Descamps）的专栏，第52页）。无论是中国还是国际经验，都显示出政策成功的难度。

城市密度之争
坦佩尔霍夫机场改建项目，公投之前和之后

有时，提高密度会遭到反对，例如在柏林：2012年公投后，柏林不得不放弃在坦佩尔霍夫机场边缘进行城市化开发的计划，自那以后，该地区成为一个大型的自然和休闲公园

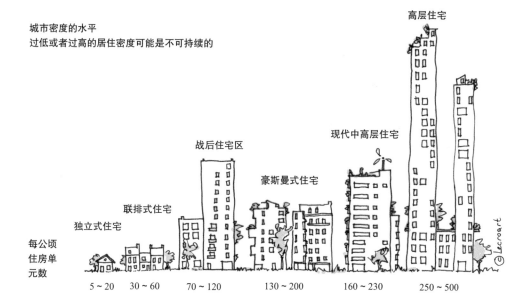

城市密度的水平
过低或者过高的居住密度可能是不可持续的

高层住宅

现代中高层住宅

战后住宅区

豪斯曼式住宅

联排式住宅

独立式住宅

每公顷
住房单
元数

5 ~ 20   30 ~ 60   70 ~ 120   130 ~ 200   160 ~ 230   250 ~ 500

密度和高度："没有限制吗？"

有吸引力的城市面临的众多挑战之一是预测其空间需求，以及引导交通和土地实现最有价值的增长，同时控制土地人工化及其对能源和气候的影响。针对这个难以解决的平衡问题，不同的城市给出了不同的答案。香港正在按照一个超高密度的方式增长，这与新地铁站周围的房地产价值捕获系统有关：尽管这个模式在经济上是有效的，但考虑到生活质量和住房花费，它已经达到了极限（参见阿兰·希拉迪亚和路易·西的文章，第56页）。与新加坡和哥本哈根一样，香港想在填海造陆的土地上进行建设，将使海洋生态系统面临风险。香港的模式也启发了温哥华，它以"世界最宜居的城市"之称自豪，但却付出了排除低收入家庭的代价。

新加坡、莫斯科或者迪拜等许多城市将滨水空间作为垂直发展的主要地区，以吸引全球的投资客。伦敦也投资建设高层建筑（参见彼得·默里的文章，第29页），但有一些人批评它变成了"泰晤士河畔的迪拜"。按照伦敦规划，借助于"密度矩阵"和"城镇中心网络等级"等工具（这些工

提高密度可能满足了短期利益。但长期呢？

具在巴黎大区规划体系中是没有的），建设密度与公共交通可达性水平相关。但私人开发商倾向于进一步提高密度，即便这可能使一些新开发的区域存在不宜居和不可负担的风险。

在纽约，规划条例是每个区各自制订的，开发商可以协商高密度奖励或者购买相邻地块的空中使用权。这样做的结果是，逃离公众控制的巨型豪华大厦层出不穷。提高密度有时候会遇到反对，比如在柏林：2012年市民公投之后，柏林不得不放弃开发坦佩尔霍夫机场周边地区的想法，自那以后，这里成了一个大型自然和休闲公园。密度之争应该考虑长远发展、城市景观、遗产、社会融合以及相关的市政设施。

区域规划和战略项目

并不是所有的大都市都有区域或大都市区的长期规划。大伦敦规划的范围仅限于伦敦本身，而国家和英格兰东南部的156个地方委员会负责管理首都吸引力的影响（参见邓肯·鲍伊的文章，第36页）。在东京和首尔的首都地区，也是中央政府拥有控制权。

为了地区的共同利益，作为一个非营利的民间组织，纽约区域规划协会主动发布了第四版2040年区域规划，规划区域涉及3个州、31个县、782个城镇。由于动员了拥有共同目标的关键利益相关者，这个非强制性规划具有了合法性（参见朱丽叶·迈克尔森的文章，第21页）。

将规划和战略项目结合起来对于确定规划方向至关重要：依靠比勒陀利亚—约翰内斯堡—艾库鲁勒尼铁路走廊等关键项目，豪登省2030年总体规划试图将一个分散的非洲大都市区组织在一起（参见艾伦·马宾和拉希德·西达特的文章，第66页）。通过将可负担的交通和综合性城市更新项目结合起来，拉丁美洲的城市能够更好地应对资源短缺（参见安德烈斯·博尔塔加雷和托马斯·马辛的文章，第62页）。

（更大的）大巴黎的发展需要复杂的公共管理、一系列规划工具以及创新性的项目。主要问题包括：提高火车站周边街区的密度与保留郊区独立住宅的矛盾；"零新增人工化土地"政策与城市持续扩张的矛盾；建造高层建筑与保护历史景观的矛盾；城市降温；东部西部、以及城市中心和外围的均衡发展；高速公路、郊区购物中心、工业区等的未来。当前争论的背后蕴含的是2040—2050年的可持续发展模式（参见里奥·福库奈和保罗·洛克哈德的文章，第38页）。

气候变化与社会包容战略

2010年以来，在哥本哈根和温哥华等城市的引领下，应对气候和环境挑战的举措被纳入战略。所有城市都正式通过了到2030年减少二氧化碳排放的计划，并提出到2040年（斯德哥尔摩）或2050年（柏林）实现雄心勃勃的碳中和目标。在各个领域涌现出大量的试点项目，涉及能源转换、生态交通、生态规划、生物气候更新、生物基材料、水循环、种植、"绿色增长"等方面。回应低收入家庭和中产阶级的住房需求也是重点。

当这些策略仅限于城市层面，由市长领导时，其影响力可能有限，但是更广泛的、更综合的方法正在发展之中（柏林、巴塞罗那、大巴黎）。尽管如此，城市既没有停止建设有吸引力的设施（购物中心、私立大学、歌剧院、博物馆、运动场、高档酒店、码头、赌场），也没有停止扩建道路和机场，这与规划中倡导的能源节约和包容性在一定程度上相违背。

为了确保城市化模式、社会经济逻辑以及碳中和目标之间达到完美的一致性，我们仍然有很长的一段路要走。当地方政府保持对空间转型工具（例如规划法规、土地所有权、城市更新、交通工具等）以及必须协作的主要市政设施和服务（例如能源、饮用水、污水、垃圾、网络等）的严格控制时，转型战略才更有可能成功 ∎。

延伸阅读

CREATING REGENERATIVE CITIES
GIRARDET Herbert，Routledge，2015.

LARGE-SCALE DEVELOPMENT PROJECTS IN EUROPE. DRIVERS OF CHANGE IN CITY-REGIONS
Les Cahiers de l'IAU n°146，June 2007.

CITIES IN CIVILIZATION
HALL Peter，Pantheon Books，1998.

THE CITY THAT NEVER WAS
MARCINKOSKI Christopher，Princeton Architectural Press，2015.

THE CITY IN HISTORY
MUMFORD Lewis，Harcourt，Brace & Co.，1961.

---

1. 超大城市是指城市常住人口在1000万以上的城市。
2. 大湾区是香港、深圳、广州、澳门等大城市的统称。

布鲁克林格瓦纳斯

规划纽约地区的未来

像许多不断扩张的全球超大城市一样，纽约三州大都市区
（New York Tri-State Metropolitan Region）
正面临着越来越多的挑战，
包括社会空间隔离、气候变化、
基础设施不足以及治理失效等问题。
由独立民间组织区域规划协会（RPA）起草，
第四版区域规划现已成为直到 2040 年可持续发展的路线图。
一个自下而上的规划如何能塑造 2300 万人口的碎片化地区呢？

****

朱丽叶·迈克尔森（Juliette Michaelson），区域规划协会执行副主席、董事会秘书

21

马萨诸塞州

纽约州

康涅狄格州

宾夕法尼亚州

新泽西州

2040 年的纽约 - 新泽西 - 康涅狄格地区

自然——农业和受保护的开放空间、徒步旅行路线
海岸线——水体和湿地，2050 年洪水地带，2040 年海平面上升范围
交通——区域铁路和主干道
人口——2040 年预期增长的地区
就业——2040 年预期增长的地区
名胜古迹——市中心，边缘城市和廊道

资料来源：RPA，*Fourth Regional Plan*，*ORG Permanent Modernity*.

与很多增长中的全球超大城市一样，纽约三州大都市区（即纽约大都市区）正面临社会空间隔离、气候变化、基础设施不足以及治理失效等问题。由于没有服务大纽约的区域政府，战略规划的工作就交给了区域规划协会，协会自20世纪20年代起就一直在编制该地区的长期规划。2017年11月，区域规划协会发布了第四版规划、一个针对纽约-新泽西-康涅狄格大都市地区的25年发展路线图。

与区域规划协会在1929年、1968年和1996年发布的三版规划一样，第四版区域规划的制定是为了帮助政府官员、政策制定者和市民对地区未来作出决策。作为一个民间组织，区域规划协会在法律上并没有编制大纽约区域规划的授权，政府公共部门也没有义务采纳这些规划或者规划中的任何建议。然而，区域规划协会具有很大的影响力，这得益于它过去数十年的高质量研究、在城市政策上保持立场的独立性以及一个强大的理事会，因而获得了重要的政治认同。

第四版区域规划《让区域服务所有人》是历经五年的研究和公众参与的成果，从市民、民间组织到商业团体和政府官员，各种利益相关者都参与了规划工作。最终，推动这个规划的核心价值在于实现更大的公平、共同的繁荣、更好的健康以及可持续发展。也正是基于这些价值，产生了关于制度、交通、住房和环境的规划建议。

当前的危机：经济增长的代价？

过去一代人的时间里，纽约大都市区发生了翻天覆地的变化，区域经济蓬勃发展。经历了20世纪80年代末、90年代初的大萧条和2008—2009年的经济危机，纽约大都市区总是迅速恢复活力。如今，人

第四版区域规划是如何制定的？

区域规划协会在开展第四版区域规划之初，就与居民和专家座谈，并汇总数据。协会于2014年发布题为"脆弱的成功"的报告，评估且记录了地区挑战，包括可支付性、气候变化、基础设施和地区治理四个方面。

利用详细的土地使用数据和复杂的计量经济学模型，区域规划协会随后报告了该地区的建成形态、量化人口和就业趋势，并且推测了未来增长的多种情景。区域规划协会对这些情景进行了比较分析，提出了一个可以满足多个成功标准的最佳增长模式。这一模式指导了第四版区域规划建议的制定。在这个过程中，区域规划协会的工作人员与数百名来自本地区和其他地区的住房、交通、土地利用和环境方面的专家一起工作。多年来，通过近200场会议和论坛，以及与约4000人的讨论，我们得到了定期反馈。区域规划协会的工作人员还与代表5万多名低收入居民和有色人种的社区组织进行了多年的深入合作。这些伙伴关系有助于区域规划协会的工作人员广泛听取关于住宅、就业、交通和环境公平的观点，并且使我们能够和基层保持联系，这在一个拥有2300万人口的地区并不是一件容易的工作。■

们选择到这里生活、工作和旅游。纽约市已成为全美最安全的大城市之一。人们的健康状况有所改善，生活质量有所提升。

但近期的经济成功却无法确保长久。过去的发展经验告诉我们，仅仅依靠经济增长不能让所有人受益。对于生活在底层3/5的家庭，自2000年以来收入一直停滞不前。如今生活贫困的人比上一代人更多。中产阶级获得好工作和提升社会经济地位的机会越来越少。与美国其他地区相比，该地区的收入不平等程度更为严重。

在家庭收入停滞不前的同时，住房成本急剧上涨，并在家庭预算中占据了更大份额。对许多人来说，一旦支付了不可压缩的家庭开支，剩余的可支配收入通常无

法覆盖诸如医疗保健、大学教育、儿童保育和食品等方面的支出。

住房、交通、教育以及其他限制低收入居民和有色人种机会的歧视政策所遗留的问题，在工资停滞和成本上升的双重危机下更加凸显。尽管纽约大都市区是美国最多元化的地区之一，但它同时也位列社会隔离最严重的地区。

增长模式给城市住房市场和郊区经济带来新的压力

20 世纪下半叶，郊区发展迅速。城市被抛在后面，与日益增长的失业、贫困和犯罪作斗争。在过去的 20 年里，随着人口和就业岗位重新回到纽约和其他中心城市，这一趋势发生了逆转。

对于许多小城镇和农村地区来说，这种趋势逆转导致了本地就业机会减少、人口老龄化和税基缩小。并且许多老工业城市仍在努力重振经济。

对于纽约和其他增长的城市来说，就业和人口的回归也带来新的挑战：不断上涨的房价和租金、因负担不起住房而被迫搬出的家庭、已经失去原貌的居住社区。同时，增长也给包括地铁和道路在内的老化的基础设施造成了额外的压力。

前方的路

当然，情况并非不可逆转。世界各地的大都市区都在采取措施解决这些问题，包括投资居住社区和商业服务，建设能够增加容量、提高韧性、增强经济竞争力的现代化基础设施以及采取创新的方案保护沿海地区等。

在畅想未来的同时，区域规划协会及其合作伙伴在制定第四版区域规划时确定了四个核心价值，这些价值应作为地区发展的基础，指导深化规划建议，分别是：

· 公平：所有种族、收入、年龄、性别和其他社会身份的个人都有平等的机会过上充实、健康和有成就的生活。

· 健康：所有人都有机会过上尽可能最健康的生活，无论他们是谁或住在哪里。

· 繁荣：所有人的生活水平都应该提高。

· 可持续：该地区的健康和繁荣取决于能够维持生命的自然环境，这个环境将养育现代人和未来世世代代的子子孙孙。

规划建议

第四版区域规划详细提出了 61 条使该地区更加公平、健康、可持续和繁荣的建议，可以归纳为四大行动：

一是制度改革。解决该地区存在的挑战，需要政府官员和市民重新评估关于公共制度的基本设想。修缮恶化的基础设施需要花费太长的时间和太多的费用，住房政策、土地使用惯例和税收结构效率低下，加剧了社会空间的不平等和隔离。真正解决日益严峻的气候变化威胁，需要更有魄力和更具战略意义的投资。例如，建议建立由三个州组成的区域近海委员会管理和投资沿海项目，以及改革区域运输机构等。

二是交通基础设施的维护和新建。一些改建项目相对较快且成本较低，但新建大型项目也是必要的。这些投资将对土地利用、住区模式、公共卫生、货物运输、经济和环境产生深远的、积极的影响。一些规划交通建议包括：

· 征收过路费以管理交通，包括在曼哈顿及整个地区的高速公路上征收拥堵费，以减少拥堵，为货物运输和其他用途腾出道路空间，并为道路维护和公共交通创造收入。

新泽西梅兰兹地区的一个国家公园

第四版区域规划中一个雄心勃勃和新颖的建议，是在邻近纽约的新泽西州梅多兰兹地区建立一个新的国家公园。

新泽西州梅多兰兹地区既是该地区最大的湿地，也是一个过度开发的工业中心。它是多条重要铁路线、区域性机场、化石燃料储存设施、高速公路、货运设施以及数千名工人和居民的所在地。如果海平面上升，它也将是第一批被全部淹没的地方之一。

国家公园用独特的美国理念保护和彰显最宝贵的自然资产。在梅多兰兹地区建立一个国家公园将传递出重视气候变化这一强烈信号，并展示适当管理的自然景观能够减轻其影响。

将其命名为"国家公园"将有助于保护和恢复梅多兰兹地区的自然栖息地，保护当地社区，并为整个地区提供新的休闲资源。■

纽约市
梅多兰兹地区
新泽西州

• 现代化改造纽约地铁，首要任务是现代化信号系统建设，以及将地铁网络扩展到人口密集的社区，尤其是低收入地区。

• 建立统一的、一体化的区域轨道系统，并将区域轨道扩展成为包括"跨区域快线"（T-REX）项目的无缝衔接的区域公共交通系统。

> 在第四版区域规划发布不到两年，纽约州政府作出历史性的决定，批准从 2021 年起在纽约征收交通拥堵费

• 设计以人为本的街道，并创造更多的公共空间，优先考虑步行、自行车、公共交通和货物运送，而不是私家车。

三是气候变化正在改变这个地区，我们需要加速适应。目前，超过 100 万人和 65 万个工作岗位，以及发电厂、铁路场站和水处理设施等重要基础设施面临洪水威胁。到 2050 年，将有近 200 万人和 100 万个工作岗位受到威胁。我们必须改变沿海地区，甚至在极端情况下将居民从最危险的地区搬离。我们还需要投资绿色基础设施，减轻城市热岛效应，减少径流泛滥和污水溢流，并改善居民的健康和福祉。

四是可支付性。该地区需要为所有收入阶层提供品质可靠的住房，且交通服务良好。需要投资较小的城市和中心区，以刺激整个地区的经济。必须降低住房成本，同时增加混合用途、混合收入社区的住房建设，更合理地使用补贴政策。采取更加有效的措施，遏制低收入家庭和无家可归者被边缘化。

从规划到实施

第四版区域规划展望未来一代，使我们站得更高，而不受当前政治动态的制约。但我们知道对于该地区许多最紧迫的挑战而言，一代人的时间太长，因此该项规划也为近期行动措施提供支持。

如果我们成功地实施了规划中提出的愿景和建议，整个地区将更加公平、健康、可持续和繁荣。该规划提供了一种创造更大税基的增长模式，用以投资新的基础设施、外延的公共交通网络、保护大家免于气候变化影响的绿色设施，以及充足的可支付住房和其他必需品，共同创造一个良性循环。

区域规划协会将立足于规划编制过程中建立的伙伴关系，确保各项建议能够引发辩论、不断改进并最终得以实施，该地区的持续成功以及所有居民的未来都有赖于此。∎

延伸阅读

THE FOURTH REGIONAL PLAN: MAKING THE REGION WORK FOR ALL OF US

Regional Plan Association（RPA），November 2017.

www.fourthplan.org

TRANS-REGIONAL EXPRESS（T-REX）

RPA，A Report of The Fourth Regional Plan，April 2018.

纽约再分区：在布鲁克林为公共利益主张价值

2014 年 5 月，纽约市长比尔·德·白思豪（Bill de Blasio）发布了《纽约住房规划》，这是一项涉及五个区、十年期的规划，规划制定了一个宏伟目标，要在 10 年内新建或改造 20 万套可负担住房（2017 年这一目标提高至 30 万套）。

纽约市

格瓦纳斯
布鲁克林

纽约市区划条例规定了该市的土地用途和密度，而区划修改是推动城市变化的主要工具。在迈克尔·布隆伯格（Michael Bloomberg）执政期间（2002—2013 年），城市 40% 的土地被重新区划；其中很大一部分用地从低密度工业转变为高密度住宅用途，在促进发展的同时加深了住房可负担性的危机。

强制包容性住房项目（MIH）是纽约市长白思豪住房计划的基石，它允许开发商在增加住房密度的同时建造一定数量的可负担住房。

列入区划修改对象的低收入社区，抗议在此制度下的新住房对本地居民来说仍然过于昂贵，而土地所有者却受益于土地价值增加的意外之财。非营利组织使这些低收入社区能够在区划修改中发挥作用，通过谈判为当地居民和企业创造利益并减少损失。

正在研究区划修改的布鲁克林格瓦纳斯街区，呈现出了不同的前景。这个街区历史上是一个重工业区，周围环绕着一条被污染的运河

与第五大道委员会成员一起访问格瓦纳斯。当地社区积极参与纽约前工业区的区划调整

（现正在联邦超级基金项目资助下进行清理）。商业和住宅的绅士化从20世纪90年代就开始了，但许多小型工业企业仍然存在。格瓦纳斯还是三个公共住房开发项目的所在地，总量近2000套，其中，30万的家庭年收入低于23550美元的联邦贫困线标准。

在系统内，纽约17.9万套公共住房面临超过310亿美元的资金缺口，许多此类住宅建筑破损，其状况危及居民的生命和健康。保护这一公共产品的必要性得到了普遍认可，尤其在像格瓦纳斯这样具备公共交通、就业和机会的地方，这一点更为迫切。

第五大道委员会是一个本地组织，其使命是兼顾社区发展和社区组织，他们发现了格瓦纳斯区划修改可能带来的机会。美国所有城市的规划师和政治领袖都把区划制度作为创造财富的工具，其形式是增加土地价值。这些财富的通常部分通过征收地方土地税用于公共目的，强制包容性住房项目致力于将额外的财富增量用于建设可负担住房。然而，由公共行动所创造的价值的最大份额将属于重新区划的土地所有者。在纽约和其他大多数美国城市，这一价值从未被披露，甚至从未完全量化。

格瓦纳斯的土地所有者也将从土地修复和净化工作中受益，其中大部分工作是由公共资金直接或间接资助的。

纽约市城市规划部门发布的规划框架文件显示，许多被1层和2层的工业建筑占据的地块修改规划，以允许12层或12层以上的住宅开发。

第五大道委员会正在与由普拉特社区发展中心、林肯土地政策研究院、大卫·罗森协会和地球经济研究所组成的团队合作，计算区划修改和环境治理创造的土地价值增长，并确定获取部分土地增值收益的机制用于社区建设。考虑到公共住房和社区居民的参与，该团队还将起草一套增值再利用的原则，存量公共住房的保护显然是高度优先事项。

区划修改带来的可预见的增值改变了对纽约规划的讨论方式。任何为公共目的要求分享该价值的提议都将遭到受益于"暗箱"的开发商的抵制。不过在纽约乃至其他地方，当前的政治形势也许会让我们有机会获得新的可能性。■

琼·拜伦（Joan Byron）
社区第一基金项目总监

延伸阅读

ONENYC 2050. BUILDING A STRONG AND FAIR CITY
City of New York，April 2019.
PUBLIC ACTION，PUBLIC VALUE：INVESTING IN A JUST AND EQUITABLE GOWANUS NEIGHBORHOOD REZONING
Pratt Center for Community Development，Report December 10，2019.
www.neighborhoodsfirstfund.nyc

从伦敦东部一处豪华高层建筑工地经过的移民

伦敦：规划一座世界城市

作为一座领先的全球城市，
在过去 20 年三位市长的任期内，
经历了强劲的经济和人口增长，
伴随着被一些人看作迪拜式的、以私人投资为导向的、高密度的发展模式。
这一成功也导致了全市住房可支付性和可获得性危机。
预计到 2041 年，
伦敦人口将从目前的 890 万增加到 1100 万，
但其有能力提供相应的空间、基础设施和资源来维持这种长期增长吗？

****

彼得・默里（Peter Murray），新伦敦建筑（NLA）伦敦建筑环境中心首席策展人

帕特里克·阿伯克隆比爵士制定的 1944 版大伦敦规划公布以来，降低首都密度，转移人口到环首都"绿带"之外的新市镇，就成为政府的施政纲领，而"绿带"是不允许新增开发建设的地区。

经过这次疏解，伦敦市的人口从 1939 年的 860 万下降到 1988 年的 670 万，伦敦市经历了长达 40 年的经济衰退和低投资。但随着 1986 年撒切尔政府放松对金融服务的监管，也就是所谓的大爆炸，一切开始发生变化，海外银行迁移到伦敦，人口不再减少，建筑业变得勃勃生机。

那时，伦敦不存在统一的战略性政府机构：大伦敦议会于 1986 年解散，就在左翼政党与时任首相撒切尔发生剧烈冲突之后。但随着伦敦的发展，来自商界和地方政府的压力越来越大，他们呼吁伦敦建立一种与其日益增长的世界城市地位相符的治理机制。他们的请求得到了布莱尔政府的回应，设立了伦敦民选市长的职位。第一任市长肯·利文斯通（Ken Livingstone）于 2000 年上任，并起草了第一版伦敦规划。

然而，布莱尔首相一直谨慎地通过限制市长的融资能力限制市长的权力，大多数时候，市长不得不艰难地向财政争取资金。

三任市长规划伦敦

因此，利文斯通意识到他必须找到新的方式为增长买单。拥堵费，即对进入中心区的车辆征税，既能筹集资金，又能减少交通拥堵。为了建造所需的住房，利文斯通不得不与私人开发商协商，通过"第 106 节规划合约"（S106）（以立法中条款

伦敦的垂直化（verticalisation）位于中心区并且拥有良好的公共交通连接（照片：杨树码头和金丝雀码头）

的编号命名），允许私人开发商帮助提供住房和社会改善资金。"S106"实际上是一种开发税，可用于支付新的基础设施和可负担住房的建设（在撒切尔时代政府机构几乎放弃了建造住房）。因此，它是促进发展的真正动力。利文斯通被反对者指责与开发商有"私情"，以及积极推动高层建筑建设。他支持建设了伦敦最高建筑碎片大厦（The Shard），通过"S106"，该建筑贡献了约3700万英镑用以更新周边地区。利文斯通的伦敦规划所基于的理论，是他的建筑顾问理查德·罗杰斯（Richard Rogers）勋爵最初在《小行星城市》（*Cities for a Small Planet*）一书中提出的，里面描绘了一个更加可持续的城市，是由密集的城市地区围绕着公共交通优异的中心区建造的，可减少对汽车的依赖。这份规划提出所有伦敦的开发项目都应集中在大伦敦政府的辖区以内，与战后分散开发整个英国东南部新城的政策形成鲜明对比。

伦敦市长们认为，高强度是为新基础设施买单的一种方式

因此，地理空间的限制要求新的开发项目更加密集——如果伦敦不能扩张，那么它必须长高。作为一个开放的商贸城市，伦敦对外国投资开发项目几乎没有表现出怀疑。利文斯通和他的继任者约翰逊都认可海外投资者的经济利益。为了吸引主要开发商，约翰逊到中东和亚洲地区进行了成功且广为人知的访问。由于他的政策，伦敦的大部分地区引入了中国大陆和香港特别行政区、马来西亚、新加坡以及加拿大和美国的资金进行开发。这很重要，因为国内开发商没有合适的金融模式满足市长要求的大规模项目，并交付足够的住宅。伦敦吸收国际投资的意愿被描述为"温布尔登化"：伦敦为外国投资者提供了一个公平的竞争环境，它稳定而富有韧性，传统但对创新持开放态度。

萨迪克·汗（Sadiq Khan）在海外投资方面比他的前任更加谨慎，这是由于公众对出售给海外买家的新房数量提出了反对意见，尽管事实上这种个人投资行为与企业在项目开发上的投资大不相同。亚洲买家被吸引到伦敦购房，作为一种稳定的投资和金钱避风港，被媒体错误地指责为高房价的推动者。这使得公众注意到伦敦新房地产项目的用途，是"空中保险箱"。因此，萨迪克·汗委托伦敦政治经济学院写了一份报告，该报告表明外国买家的影响远低于想象，主要原因是新建建筑在整体交易中所占的比例很小，而且海外投资者购买的新建房屋中只有不到1%完全空置。

萨迪克·汗对伦敦政治经济学院报告的回应是"国际投资在为开发商提供确定性和资金方面发挥着至关重要的作用，他们需要这些资金为伦敦人提供更多的住房和基础设施"。

如果市长每年要交付66000套住房以满足2041年人口增加到1100万所带来的住房需求，如果他要填补过去因投资不足和交付缓慢造成的积压，并降低高昂的住房成本，那么就需要得到他所能获得的所有帮助。

交付更多住房。怎么做？

第一个问题是在绿带政策的限制下找到足够的土地。可用的场地被标识为"机会区域"，主要由过去的工业"棕地"构成伦敦交通局在许多车站周围都有可用土地，今年即将腾出建设3000套住宅的用地；萨迪克·汗也在推广小型场地的填充式开发：这些场地规划将在未来 10 年提供约 25 万套住宅。二战后公共住房的更新开发或提高密度也是一种土地来源，但存在一定的争议。这种更新通常与私人开发商合作，在左派政党眼中是绅士化的过程，因为原住民无法回到他们的社区；那些根据政府的"购买权"计划买到房屋的人因投资没有得到回报而感到愤怒。市长提议，在此类项目实施之前，先举行全民投票，了解当地社区的意见。

第二个问题是谁来交付？前两任市长的重点是大型私人开发商。然而，他们被视为不可靠的合作伙伴，因为他们的交付速度直接受到新房"吸收率"的影响，——即如果市场放缓，开发商也会放缓。私人开发商面临来自市长的压力，要求他们与国家资助的住房协会合作，提高交付可负担住房的比例。市长目前要求的可负担住房比例是 35%，长期目标是 50%——而这一政策受到了开发商的批评，理由是它影响了盈利。私营领域没有能力为最需要的人提供"社会住房"，这促使政府部门重新开始提供住房——而这是自 20 世纪 80 年代以来从未发生的事情。

第三个问题是建造住房。建筑行业的劳动力正在减少，年轻人不愿意在建筑工地上从事脏乱的工作，并且英国脱欧后，作为伦敦建筑团队中坚力量的欧盟其他国家的工人将更加稀缺。因此，为了降低成本、加快流程、提升最终产品的质量，市长正在推动更大程度的预制建筑。

战略和权力

交付更多住房的核心在于支撑性基础设施。贯穿伦敦东西的首条线路横贯城铁 1 号（Crossrail 1）将于 2018—2019 年底竣工。第二条从西南延伸到东北的对角线横贯城铁 2 号（Crossrail 2）正在等待政府的拨款获得批准。财政大臣提出质疑，要求市长"解释该计划如何使超过一半的成本通过私人资金来满足"。这些私人资金来源将包括通过社区基础设施税（对所有新开发项目按每平方米征收）征收的一系列税收，以及其他用以捕捉新建轨道线路建设增值带来土地的作用机制。

人们欢迎萨迪克·汗的建设更加绿色的伦敦规划，但同时批评他进展缓慢。他

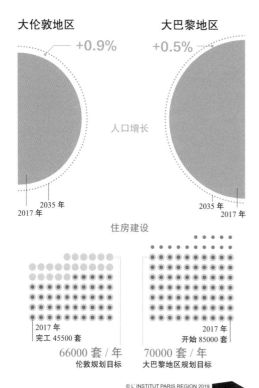

大伦敦地区　　**大巴黎地区**

+0.9%　　+0.5%

人口增长

2035 年　　　　　　2035 年
2017 年　　　　　　2017 年

住房建设

2017 年　　　　　　2017 年
完工 45500 套　　　开始 85000 套

66000 套／年　　　70000 套／年
伦敦规划目标　　　大巴黎地区规划目标

© L' INSTITUT PARIS REGION 2019　L'INSTITUT PARIS REGION

资料来源：*Insee, Sdrif 2030, SDES, Sit@del2 estimations to March 2019, L'Institut Paris Region 2018 /GLA, Draft London Plan, Housing Monitor 2018—2019.*

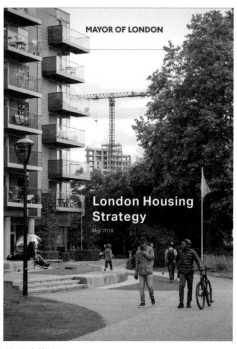

大伦敦发展战略基于《伦敦规划》和多项专题性的战略，例如住房战略

的目标是到 2050 年拥有任何主要世界城市无法比拟的最佳空气质量，使伦敦成为世界上第一个半数以上面积都是绿色的"国家公园城市"，成为零碳、零废的城市，实现低碳循环经济转型，改善骇人听闻的污染记录。他在实施排放控制，并计划到2041 年采用积极出行（步行、骑行、公共交通）的人口比例从 40% 提高到 80%。但是，他将伦敦最重要的商业街——牛津街步行化的计划最近遭到当地政客的阻挠，他们担心禁行公共汽车和出租车会对周边社区产生影响。横跨伦敦的自行车高速公路计划由于来自驾车者的"反扑"而以蜗牛般的速度推进着，尽管许多线路在

约翰逊政府结束时已经"准备就绪"。

市长的权力是有限的。他必须与 33 个具有各种政治主张的地方当局和一个给他发薪水，但却对立的中央政府打交道。他领导的城市的大部分土地为私人所有，规划系统是务实的，服从于谈判。长期以来一直如此：著名的伦敦广场是由私人开发商们建造的，而不是拿破仑法令，而这座城市的建筑则五花八门，反映了所有权模式。同时，他也指挥着一座历来韧性、有面向全球的态度、充满活力、有创造性、多样化和适应性的城市，这些是未来的希望。■

伦敦的高层建筑问题

2013 年 11 月，我参加了时任伦敦市长鲍里斯·约翰逊的新闻发布会。他在讨论需要交付多少套住房才能解决首都的住房危机。"但这并不意味着到处都是高楼大厦！"他说。我不确定他的说法，因为我知道相当多的塔楼已经"拔地而起"，所以新伦敦建筑（NLA）开展了一些研究：调查当地不同的行政区，以了解谁给那些新建筑发了规划许可，并通过与房地产开发商的交谈找出哪些项目正在筹备之中。我们发现，在建或拟建的 20 层以上的塔楼约有 236 座，其中少数超过 60 层。这一数字在当地和国际上都令人震惊。"但伦敦是一个低矮的城市，"人们说。不再是了。总数甚至让市长大吃一惊。自那时起，人们对高层建筑的接受度越来越高。当我们在 2018 年进行同样的研究时，正在筹建中的高层建筑总数达到 510 座。几乎没有人发表评论。

这种巨大的变化是如何发生的？ 20 世纪 60 年代，有一些高层建筑投入使用，但它们的受欢迎程度不断下降，直到 1987 年也没有再新建一栋高层建筑。1987 年，为了给涌向伦敦的美国银行提供办公空间，加拿大和美国的开发商奥林匹亚与约克公司（Olympia and York）在东伦敦开始建造金丝雀码头。为了鼓励开发商更新码头，政府放宽了规划管控和建筑物高度限制。因此，北美开发商想要建造摩天大楼是很自然的事情。50 层的第一加拿大广场是金丝雀码头的中心，当时是英国最高的建筑。10 年后，作为传统商业和金融中心，由于伦敦市政府担心金丝雀码头吸引了太多的金融机构，因而彻底修改限制建筑物高度的规划政策，由福斯特建筑事务所设计的圣玛丽斧街 30 号"小黄瓜"出现了。这座城市也意识到，法兰克福正在争夺欧洲金融之都的称号，并在最近发布了一个总体规划，展示了一系列新的塔楼。随着"小黄瓜"

九榆树正在建设的高层建筑

的成功，其他塔楼紧随其后，包括由伦佐·皮亚诺设计的"碎片大厦"。

直到 2005 年，大多数塔楼都用于商业用途，但当位于沃克斯豪尔（Vauxhall）、占地 0.25 公顷的 52 层圣乔治塔获得许可后，它开创了一个趋势，开发商们从那时起纷纷效仿这一趋势，以最大限度地提高他们的土地价值。

2008 年金融危机后，商业楼宇的需求越来越少，但中国香港和新加坡的买家对住宅投资很有兴趣，产生了相当大的需求。由于当地市场萧条，这对于苦苦挣扎的发展部门来说是一个救星。这些亚洲买家已经习惯于住在高楼里，这个客观事实促使建筑走向更高。伦敦的规划政策控制了高层建筑的选址，并建议它们集中

伦敦的高层建筑

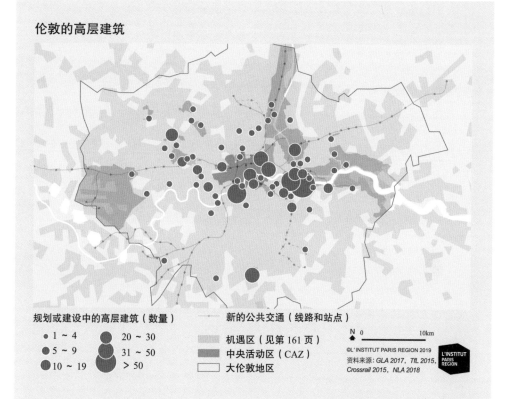

规划或建设中的高层建筑（数量）　　　新的公共交通（线路和站点）

- 1 ~ 4　　　 20 ~ 30
- 5 ~ 9　　　 31 ~ 50
- 10 ~ 19　　 > 50

机遇区（见第 161 页）
中央活动区（CAZ）
大伦敦地区

N　0　　　　　　　　　　10km

©L'INSTITUT PARIS REGION 2019
资料来源：GLA 2017，TfL 2015，
Crossrail 2015，NLA 2018

L'INSTITUT PARIS REGION

建设，而不是作为一个独立的地标。此外，它们也不能遮挡一些重要的历史古迹，如圣保罗大教堂的圆顶和议会大厦。限制建筑高度也关系到影响希思罗机场或城市机场进出飞机的视野和起降路径。

人们越来越认识到，高层建筑并不是提高居住密度的唯一途径。8 ~ 10 层的公寓也可以做到这一点，但通常需要更大的地块。但是，市长每年交付 66000 套住房的压力，以及伦敦交通局在城市中心车站周围、通常是较小的地块上进行开发的规划，使得未来 10 年我们很可能看到的依然是伦敦高层建筑总量的持续上升。■

彼得·默里
新伦敦建筑（NLA）伦敦建筑环境中心
首席策展人

超越紧凑城市：伦敦都会区

从利文斯通市长的 2004 版规划到萨迪克·汗市长的 2019 版规划，这些伦敦规划都是基于紧凑城市的理念。市长们认为，伦敦的人口增长可以控制在现有的行政边界内，不需要将住宅或就业相关的增长输出到现有边界以外的城市—区域，乃至英格兰东南部（the Wider South East，简称 WSE）。

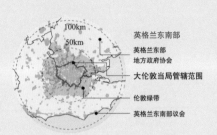

伦敦规划 2014

基于新的战略性住房市场评估和新的战略性住房土地可用性评估，拟议的新版伦敦规划断言，虽然未来 10 年的住房需求为每年 66000 套，但每年最大开发能力可提供 65000 套。即使这个（理论上的）每年 1000 套住房的最小赤字，也在英格兰东南部的政治层面上引发了一场关于如何弥补这一差距的激烈辩论。

在即将于 2019 年 1 月召开的伦敦规划公众评审会议上，可能会重现 2014 年约翰逊市长的规划公众评审会上发生的关于伦敦住房赤字的辩论。当时，规划评审员确实质疑伦敦住房目标是否可以实现；紧凑城市方法是否仍然适合，同时他建议市长与更大的城市区域规划部门制定一种更具协作性的战略规划。

注意差距！

尽管通过提高密度可能增加了获得规划许可的住房数量，但是自从 2004 年最初的伦敦规划实施以来，伦敦边界内的房屋净竣工量平均每年为 27750 套。这意味着交付缺口比市长最新的假设要大得多。伦敦边界内住房供应不足迫使家庭搬到离工作地更远的地方，这不仅增加了通勤，也带来了巨大的环境和社会成本。供应不足日益成为伦敦市中心企业面临的一个问题，将影响伦敦经济的长期生命力。

此外，大多数规划许可与市场价格相对较高的小公寓有关，很少有满足家庭需求的出租房屋，也很少有新的地方当局或住房协会的低租金房屋。发展主要是由投资者（包括国际投资者）的需求，而不是伦敦现有和未来人口的住房需求驱动的。

市长现在提议取消伦敦规划所依据的模式，该模式为不同地点的新开发项目规定了适当的密度范围，取而代之的是以方案设计主导的评估方法，这将使更高密度发展成为可能，包括仿效中国香港和上海模式进一步发展高层和高密度项目。

关于伦敦发展的辩论因不确定性而进一步复杂化，如英国退出欧盟对伦敦人口和劳动力的影响。我们现在才对英国移民政策可能发生的变化有了一定的了解，但对外来投资的潜在影响仍然不确定。英国首相最近宣布对在英国的国际房地产投资征税，但没有确定公共和私人国内投资的替代形式。不排除伦敦建筑行业缩减的可能性。英国脱欧可能导致房价下跌，这会使少数首次购房者受益，但很难刺激对新建筑的投资。

需要更广泛的尝试

对紧凑城市规划方法的关注和伦敦周围广阔绿带的绝对保护，意味着没有系统评估替代方案在经济、社会或环境方面的可持续性，例

达特福德的伦敦大都市边缘景观。英格兰东南部准备好迎接发展了吗?

如,郊区住宅小规模且密集化、伦敦边缘的城市扩张、对英格兰东南部主要中心的扩建、在绿化带内外创建新的居住区、将住房或就业向英国其他地区疏解。

与此同时,个别地方政府的规划部门正在与相互矛盾的政府指导意见进行斗争——为了稳定房价,政府指导意见设定了更高的住房供应目标,而根据人口增长和需求多样化预测出的数字要远低于这样的目标。

混淆占主导地位。重点是计算住房数量的方法很少或根本没有关注房屋为谁准备,谁能负担得起,以及它们是否符合适当的可持续性标准。■

邓肯·鲍伊(Duncan Bowie)
伦敦大学学院巴特莱特学院副研究员,
伦敦和英格兰东南部战略规划组织召集人

（更大的）大巴黎：为 2050 年改变和争论

2010 年以来，在各方面宏伟的、创新的项目推动下，巴黎大区进入了前所未有的发展周期。空间使用强度正在提升，增加了交通系统的压力，也拉大了社会和地区差距。尽管治理主体分散，但（更大的）大巴黎的主要参与者们仍将视野放在整个大都市。2030 年的决策大部分已经制定完成，但 2050 年呢？

****

里奥·福库奈，巴黎大区研究院政治学家、城市规划师

保罗·洛克哈德，巴黎大区研究院高级城市规划师

巴黎在发展成为首都之前，最初的自然场景是这样的：沿着穿过西堤岛、连接地中海到佛兰德的大轴线蜿蜒而过，塞纳河形成了广阔的流域。城市从这里开始生长，向外延伸到法兰西平原和周围的山谷，然后爬升到远处的高原。塞纳河现在比以往任何时候都更像大巴黎的林荫大道——但有时被重视有时被忽视。

这一地理环境创造了一个从西北到东南的自然和人工景观结构：从卢浮宫到新凯旋门、凡尔赛平原等的历史轴线。这种历史地理结构塑造了 1965 年的区域总体规划，确定了拉德芳斯和几个新城的位置，决定了郊区铁路网（RER）的布局。但其他过程也在发挥作用，包括巴黎中心辐射式地向外长大、19 世纪沿铁路的工业化和郊区的块状化、二战后的城市开发项目，以及 20 世纪 80 年代的分散城市化等。

城市更新与都市觉醒

20 世纪 90 年代开始，去工业化地区

的城市更新取代了城市扩张，城市中心重新受到关注。这波行动是由一批新时代的市长发起的，他们早年间在去中心化时代获取经验，很多人懂得集体行动的重要性：例如，开始于 1985 年的圣丹尼斯平原地区（Plaine Saint-Denis）复兴、20 世纪 90 年代的雷诺工厂复兴以及 1997 年后的比弗尔科学谷（Vallée Scientifique de la Bièvre）。2002—2007 年，通过建立公共规划机构引导"战略区域"的转型：比如塞纳河 - 阿尔什（Seine-Arche）、法兰西平原（Plaine de France）、塞纳 - 阿瓦尔（Seine-Aval）、奥利 - 伦吉斯 - 塞纳 - 阿蒙特（Orly-Rungis–Seine-Amont）等。有些区域的定位是国家利益工程（opérations d'intérêt national），所有这类区域同时得到国家和巴黎大区政府的支持。作为区域发展的主要推动者，巴黎大区政府计划从 1995 年起承担区域公共交通系统职责，以及通过修订区域规划（SDRIF）承担规划职责。2008 年新规划方案获得批准。

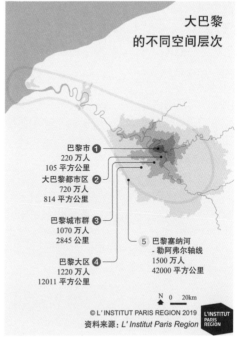

大巴黎
的不同空间层次

巴黎市 ①
220 万人
105 平方公里

大巴黎都市区 ②
720 万人
814 平方公里

巴黎城市群 ③
1070 万人
2845 平方公里

5 巴黎塞纳河
- 勒阿弗尔轴线
1500 万人
42000 平方公里

巴黎大区 ④
1220 万人
12011 平方公里

N 0 20km

© L'INSTITUT PARIS REGION 2019
资料来源: L'Institut Paris Region

L'INSTITUT PARIS REGION

自 2007 年担任法国总理以来，尼古拉·萨科齐（Nicolas Sarkozy）反对这一规划方案，认为其不够宏伟。他为首都地区任命了一名国务秘书，于 2009 年启动了他的"大巴黎[1]"计划：为巴黎大区的未来开展国际方案征集。这进一步提高了人们对大都市区问题的认识，事实上，早在 2001 年，巴黎市长贝特朗·德拉诺埃（Bertrand Delanoë）支持的合作倡议就已经提出了这一认识：2006 年巴黎大都市区会议建立了与邻近城镇的双边协定，并于 2009 年成立了巴黎大都市区研究联盟。[2]

大巴黎与巴黎大区 2030 总体规划：一场理性的联姻

2010 年，国会通过了《大巴黎法案》，该法案形成了两个政策工具：一是为萨克雷高原重点项目设立了公共机构，二是建立"大巴黎公司"，旨在设计和建设宏伟的大巴黎交通网络。这个绰号为"过山车"（le grand huit）[3] 的轨道快速项目连接郊区主要的经济中心（鲁瓦西、奥利、萨克雷、拉德芳斯、笛卡尔），同时也是之前大区提出服务于近郊人口稠密地区的"弧形快线"（Arc Express）项目的替代方案。两者都受到"行星轨道网络"方案的启发，这个方案是 1990 年由巴黎大区发展与规划研究院（今巴黎大区研究院）提出的，并纳入 1994 年的总体规划，但后来由于资金原因搁置了。

在 2011 年的一次公开辩论之后，国家与大区政府签署了一项协议，将这两个项目结合起来，并启动了"大巴黎快线"，纳入 2013 年最终获批的《巴黎大区 2030 年总体规划》中，为跨行政区规划行动提供了监管框架。该规划确定了"紧凑多中心的大都市区"原则，并确立了城市密集

发展和轨道周边优先建设住房的目标。规划强调区域社会经济平衡和环境转型，预测了后基多时代（2016 年）[4] 的新全球议程。规划的实施毋庸置疑还要依赖于之后政治愿景的改变。

大巴黎快线，2024 年奥运会，区域快速铁路（RER）E 线：革命性的超级工程？

规划的大巴黎快线是条长达 200 公里的无人驾驶轨道线，规划 68 座车站，由 4 条新线（15 号线、16 号线、17 号线、18 号线）和 14 号线的延长线组成。主要思路是将目前以巴黎为中心的放射状网络互联，以保障郊区之间的交通出行需求。该快线将在 2021 年至 2030 年间逐步开通，它将降低现有线路饱和度，为使用汽车提供替代方案，并促进高密集、混合功能的城市多中心发展。

作为未来 5 条地铁线路与区域快速铁路（RER）D 线的交汇点，圣丹尼斯普莱耶尔（Saint-Denis-Pleyel）将成为 21 世纪大巴黎的交通枢纽之一。这个枢纽位于 2024 年奥运会和残奥会的中心位置，随着周围塞纳河边运动员村、法兰西体育场对面的水上运动中心以及仅有一标枪投掷距离的布尔杰 - 达尼媒体村开发，将得到大力发展。

项目建设之初，国家会通过区域开发合约，鼓励 68 个站点影响区涉及的地方政府竞争性建设住房、设施和办公楼项目。[4] 如果大巴黎快线能如期投入使用（预计成本在 5 年内从 250 亿欧元上升到 350 亿欧元），并且确保与现有网络互联，如果城市发展项目符合共享、协调战略，那么大巴黎快线将能够更有效地发挥都市空间"变压器"的作用。当然还有一些其他问题：东京、柏林和其他城市的例子表明，当环

巴黎地区的重要项目

法兰西温辛　塞尔吉 - 蓬图瓦兹　　　　　　　　　法国瓦兹地区

芒特拉朱莉　　　　　　戈内斯三角地　戴高乐机场 -T2-T4

巴黎 - 拉德芳斯　布莱勒

塞纳河谷　　　　　　　　　　　乌尔克 - 邦迪平原

凡尔赛　　　　　　　巴黎东北　　　　　　布里和莫兰地区

舍沃鲁兹 - 上山谷　　　大型公园校园　笛卡尔城

萨托里 - 马特洛茨　　　　　贝西, 塞纳河汇流

巴黎 - 萨克雷　　阿登　　克里尔

马西 - 帕莱索　奥利 - 兰吉

塞纳尔特

BA 217

埃夫里 - 库尔库罗讷

项目和城市中心　　　　交通项目
　重要城市项目　　　　 大巴黎快线和 RER E 支线
　正在发展的主中心
　正在发展的次中心　　　　　　　　　　城市地区
2024 年奥运会　　　　区域自然公园　　森林
　集群　　　　　　　　现状 / 规划　　　农业土地
　场所　　　　　　　　绿化带　　　　　机场
　　　　　　　　　　　　　　　　　　　主干道

N 0　　　　10km

© L' INSTITUT PARIS REGION 2019
资料来源：L' Institut Paris Region

形地铁系统在连续环路中运行且没有中断时，"网络效应"会更加强大。巴黎的一些郊区也需要更好地连接到网络之中。

另一个重大项目是将在 2022—2024 年完工的东西向区域铁路（RER）E 线，位于曼特斯 / 普瓦西和谢勒 / 图南之间，将在南泰尔 - 拉德芳斯、马尚塔、圣拉扎尔、品红（2024 年巴黎北站改造扩建工程）、巴黎东北、奥鲁克平原以及瓦尔德丰特奈这些枢纽之间形成一条发展轴。随着 4 条地铁线路、10 条有轨电车标准线路和快线的延伸，以及 2025 年到戴高乐机场的 CDG 快速铁路班车的建设，巴黎地区交通系统正在掀起一场革命。随着城市综合交通规划（PDU）于 2020 年到期，这次交通系统的革命应该与 2030—2040 年新的区域交通战略相结合。

每年建造 7 万套住宅……

大巴黎的参与者也在推进启动住宅建设。21 世纪前 10 年巴黎大区每年建造的 35000 套住宅并不能满足实际需要：2010 年的《大巴黎法案》中，政府将目标值翻了一番。在所有利益相关者长达 10 年的努力下，目标已经达成，2018 年起始就开工了近 80000 套住宅[5]！

不过，住房的实际增量受到拆除或重建住房数量的限制。[6] 遍布整个地区的城市更新计划带来了大量的高层社会住宅翻新项目：2003—2015 年间，拆除和重建了 37000 套住宅，更新改造了 84000 套住宅。

正在建造住房的地区并没有精确地投射到就业市场活跃的活力地区。这意味着 2/3 的新住宅建在远郊，增加了通勤需求。

成就、不足和治理

　　与其他的世界大城市相比，位于欧洲心脏地带的巴黎地区交通极其便利，生活质量令人羡慕，经济多样化并富有创意，拥有独特的文化和教育资产。虽然有些拥挤、密集和多样，但大巴黎以其高质量的公共空间而闻名，是一个相当"适合步行"的城市。事实上，整个地区被交通基础设施分割，是一种劣势。同纽约和伦敦一样（但程度相对较轻），巴黎的社会经济严重不平衡，社会不平等现象切实存在，繁荣的西南部地区与穷人、新移民更为集中的东北部地区形成了鲜明的对比。无家可归的人数增加。当然，贫困地区规模相对较小，社会福利也减少了整个地区的不平等程度。

城市高速公路：大巴黎未来的共享公共空间？

　　这个问题是向四个多学科团队提出的，他们入选参加了这次国际竞赛，思考大巴黎未来的发展道路。该竞赛于 2018 年 5 月启动，由大都市论坛及其合作伙伴召集：包括巴黎市政府、巴黎大区政府、国家、大都市委员会、三个省和八个管理区，由巴黎城市规划院（APUR）和巴黎大区研究院提供支持。2019 年 6 月，这些团队的提案开始向公众展示，推动关于巴黎环城大道未来的讨论，以及到 2030 年和 2050 年实施的举措，以便在可持续经济模式的框架内优化快速道路的使用，更有效地整合道路，并减少其对环境的影响。这些方法将与加强多式联运的交通系统紧密相关，为单独使用小汽车提供有吸引力的替代方案。正如巴黎大区研究院对纽约、首尔、温哥华和其他城市的研究所示，将这些基础设施转换成"大都市大道"，构成了改造 20 世纪"小汽车导向型城市"全球运动的一部分。* ■

---

* *Paul Lecroart, Reinventing Cities: From Urban Highway to Living Space*, Urban Design Magazine, Issue #147, Summer 2018.

　　考虑到巴黎大区由很多不同的行政区组成，每个行政区都有自己的地方委员会，可能对大巴黎项目的实施产生不利影响，因此国家于 2016 年 1 月 1 日颁布了一项法律，要求核心地区的市镇通过大巴黎都市区委员会组织在一起，这是一个市镇间合作的公共机构，由巴黎市政府和周边地区的 130 个市镇组成。首都地区复杂的治理体系（包括巴黎市政府、郊区市镇、省、大巴黎都市委员会、巴黎大区以及国家）凸显了大都市政策必然涉及多方参与者，并且在一系列不同尺度上展开这一事实。该地区没有统一的愿景，但战略、计划和倡议揭示了一个基于强烈政治能量和目标碰撞（有时是相互竞争）的大都市规划。

　　大巴黎都市委员会负责管理中心地区的项目。巴黎大区负责经济和区域发展，确保大都市快速增长的核心地区与外围地区之间的平衡。作为法国的文化和经济中心，国家为首都的雄心壮志提供担保，并确保其履行气候和能源承诺。到 2050 年，这些机构必须与地方当局、利益相关者和居民一起回应某些基本问题。的确，站在这一十字路口，（更大的）大巴黎项目仍然缺乏民主根基：公民进一步参与这一进程将是一个必不可少的成功因素。

（更大的）大巴黎 2050：争论的主题

　　在过去的 15 年里，郊区增长有所放缓：对"绿色"用地（指新开发用地）的消耗处在历史最低水平，建设活力集中在棕地的回收利用上。根据最新的预测，巴黎大区的人口到 2035 年将增至 1330 万左右，比现在增加约 110 万。因此必须为这些人提供多样化的就业机会、可负担的住房和高效的交通。正如反对萨克雷（Saclay）和戈内斯三角地（triangle de Gonesse）项目

放飞思考：大巴黎的创新项目？

自 2014 年巴黎市政府发起"再创巴黎"运动以来，呼吁创新项目的信条如野火般蔓延到大都市地区（"创造大巴黎"）、沿河（"重塑塞纳河"），甚至远达温哥华和奥克兰（C40 城市集团的"重塑城市"），这暗示了一个"更大的大巴黎"可能是什么样子：在 2018 年，已经提出了 150 项提案，涉及近 250 公顷的土地，私人投资者已经向大巴黎都市委员会承诺了 70 亿欧元。除了邀请私营部门参与公共场所的开发和管理，优化公共场所的财务状况之外，我们的想法是将投资者、开发商、建筑师、初创企业和用户聚集在一起，寻找生态危机的解决方案并促进"共享社会"的出现，进

而想象一个明天的城市。这些对项目的呼吁将激发热情的参与和丰富的互动，产生原创的项目……必然能够实现。它们与国家支持的需求明确的"生态社区"项目以及地区发起的"创新和可持续社区"项目同时进行。它们也是 2010 年在德国国际城市规划与建筑设计展览会（IBA）的研讨会之后，由巴黎大都市发起的"呼吁大都市倡议"的后续。然而，与国际建筑展览不同的是，参与创新项目号召的每个场地都倾向于单独行动，并努力融入尚待制定的战略愿景。随着国际建筑展览在法国的发展，从公众辩论中汲取灵感、连接地区并建立地方和区域团结的项目流程的神奇公式仍有待发明。■

所显示的那样，公众舆论对侵占农田和自然区域越来越敏感。一个更清晰的绿带战略将赋予外围地区新的地位。强化城市蓝绿网络以及绿带建设，对于 2050 年改善生物多样性、降低核心区域温度和提高生活质量至关重要。

但是，提高城市密度的原则仍在激烈辩论之中：巴黎似乎对上海、伊斯坦布尔或伦敦所呈现的垂直的城市发展颇为敏感。巴黎城市化模式扩展到外围地区，将会损害工业和独立住宅，因此需要达成共识。鉴于英国脱欧，以及正在阿姆斯特丹、巴塞罗那和纽约发生的冲突，大型国际投资、总部功能和大众旅游等受到的长期影响值得讨论。

除此之外，地区间平等的"法式热情"[7] 将继续挑战巴黎大都市区的发展，而它的发展可能损害更广泛的区域（巴黎盆地）、其他主要城市和神话般的农村地区。这意味着，巴黎大都市区的社会问题——承认其在迎接新人口方面的作用，以及为推动法国经济发展的各个社会阶层提供满意、公平的生活条件的能力——只有在国家框架内才能解决。

当评估吸引力时，承认"为所有人提供高品质生活"的标准，以及法国首都响应《巴黎协定》承诺的能力，推动对出行系统和经济模式进行更深入的思考。必须阐明的是，数字革命和自动化在工作组织和消费模式方面开辟了新的视野。在向循环经济和绿色交通转型缺乏明确选择的情况下，物流的变化可能导致农业地区的拥堵和压力。倘若我们同时考虑多式联运大众运输系统的发展，重新思考高速公路网络的未来可能只是第一步。■

1. "Grand Paris" 是指大巴黎；"grand pari" 意味着"巨大的挑战"，此处"Grand Pari（s）"为双关语。
2. 现在是大巴黎大都市论坛，它由 200 个地方当局组成，包括地区政府和巴黎。
3. 2016 年 10 月 17 日，第三届联合国住房和城市可持续发展大会（简称"人居三"）在厄瓜多尔首都基多开幕。4.5 万多名与会者将讨论并通过指引未来 20 年城市可持续发展的《新城市议程》。
4. 3300 公顷的城市项目，2014—2017 年大巴黎快车四分之一观测站，阿普尔。
5. DRIEA Île-de-France，La construction de logements en Île-de-France，2019.
6. DRIEA and DRIHL Îdf，Apur，Insee，IAU îdF，Les conditions de logement en Île-de-France，2017（2013 年调查）。
7. Philippe Estèbe，L'égalité des territoires，une passion française，Puf，2015.

东京 2050：
挣扎巨人的愿景

东京的城市转型对日本具有国家战略意义。其规划模式是确定城市中心体系，使经济和城市发展通过最高效的交通系统相互连接。建立"环形模式"，是为了让这座亚洲超大城市能够应对日本未来几十年将面对的人口和经济问题，远远超过 2020 年东京奥运会的图景。

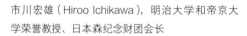

****

市川宏雄（Hiroo Ichikawa），明治大学和帝京大学荣誉教授、日本森纪念财团会长

为了理解东京和日本 2050 年各自的发展愿景，有必要强调一下日本对经济和人口情况的预测。在《日本国土形成规划》[①]（2015 年）策略报告中，中央政府突出强调了日本将面临的几个关键挑战：人口减少、低生育率、极度老龄化、自然灾难以及城市间竞争的加剧。随着区域移民的持续增加，主要的城市中心区人口将出现小幅增长。由于消费水平的降低和可用劳动力的减少，日本经济将毫无疑问地面临沉重负担。考虑到这些令人不安的预测，以及日本政府正在寻求的解决方案，东京该如何在全国规划中找到自己的位置，这个超大城市应该扮演什么样的角色？城市规划能够如何为东京带来更有希望的未来呢？

东京的环形轨道导向型规划

东京当前的规划模式以"环形大都市"理念为核心，构成了东京城市发展战略的基础。[1] 其主要思想是形成一个有组织的城市结构：地区中心成为展示各项城市功能的紧凑核心；商业、住宅和混合开发主要在轨道站点周边集中，并通过强大的公共交通系统连接。这一结构有利于城市范围的服务供给，增强特异经济或专业化功能的发展，促进地方间、行业间的交流与合作。

2017 年，东京都城市整备局发布了《东京 2040：城市发展总体设计》。在此背景下，为了能够更好地整合东京都市圈内的不同地区（神奈川县、埼玉县和千叶县），"环形大都市"模型进行了更新并扩展到更大的尺度，新的重点是强调每个次区域的专业化角色。这一总体设计提出的规划

东京环形大都市

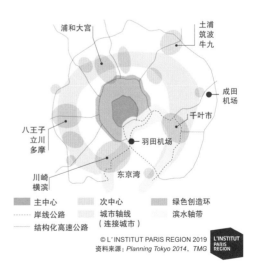

主中心	次中心	绿色创造环
岸线公路	城市轴线 （连接城市）	滨水轴带
结构化高速公路		

目标，是"创造一个高度发达的、成熟的城市，运用最新技术手段促进城市与环境和谐可持续发展"。有关成熟和技术的概念反映出东京已经认识到它即将面临的人口挑战，以及运用城市规划工具应对这些挑战的重要性。

这一总体设计将东京都政府所处的行政区作为其中的一个次区域，将东京划分为四个空间区域和两个特区——每个都有特定的城市发展重点。

1. "核心区"包括最中心的几个区和滨水地区。核心区形成东京的经济心脏。通过规划新的公路和铁路，包括连接东京羽田国际机场，核心区最大限度地发挥国际交往的潜力。核心区汇集了东京的"国家战略特区"和"亚洲总部特区"，这两个特区建立的初衷是通过减税、补贴、简化移民和投资程序等激励措施吸引高价值企业。

2. "新城市生活创意区"涵盖了围绕区域交通枢纽的几个紧凑型城市。这些传统的郊区将承担更多的城市功能，以提供一个交通便利且设施齐全的宜居社区网络。

3. "多摩（Tama）地区[②]"将提供优越的生活条件、城市功能和完善的交通。这个区域覆盖了 TAMA 创新交流区，将积极推动大学、实验室和公司之间的研究和合作，促进技术创新。

4. "与自然和谐地区"主要位于东京都西部山区，这里为东京居民提供了充足的绿色空间和自然休闲娱乐机会。

东京的首要战略是充分发挥现有的国内吸引力，同时提高国际吸引力，主要举措是将城市功能集中在紧凑的核心地区，在下面展示的项目实例中可以看到，以2020 年东京奥运会后的长期发展愿景为引领。

后奥运时代的愿景与战略（2020—2040 年）

1964 年的奥运会推动了东京现代化城市的建设，随着高速列车（新干线）的建成通车，交通基础设施的运载能力大大提升，并且引进了新的城市开发项目。2020 年的奥运会将展示东京作为一个充满活力的成熟城市的新进展。通过再利用现有设施，以及将大部分赛事安排在核心区和滨水区，可达性将保持很高水平。在奥运会后，晴海岛上的奥运村将被改造成为一个多用途住宅区，预计将提供 5650 套新住房。对于东京都政府来说，奥运会提供了一个平台，以展示东京转型成为与环境和谐共生的、高度发达的大都市目标，同时也将成为未来 20 年东京解决社会经济和人口问题的催化剂。随着连接滨水与核心区的新道路和铁路线等重大基础设施项目的建设，一些大型城市更新项目将为外国企业和旅游业发展带来新的机遇，尤其是亚洲总部

东京大都市区的总体设计

崎玉县
崎玉
千叶县
东京地区
千叶
川崎
横滨
神奈川县
东京湾

■ 核心区　　■ 多摩地区
■ 新城市生活创意区　　■ 人与自然和谐地区

N　0　10km
资料来源: "Grand Design"（2017），TMG

© L'INSTITUT PARIS REGION 2019

东京滨水区

东京滨水区的开发起源于海湾,并持续向东京市中心扩展。从离中心最近的地块开始,目前已经开发了若干地块,包括:芝浦❶、胜哄❷、月岛❸、佃田❹、晴美❺、丰洲❻、东云❼和有明❽。整个地区从 1990 年开始实质性开发建设,随着吸引力的逐渐积累而持续加密。晴美区最大面积的未开发土地将作为奥运村,其能源供给主要依靠氢能,这符合日本政府提出的发展更安全、更清洁、更可靠能源体系的战略。此外,胜哄区通过环形公路与中央商务区相连,区位也很重要。■

特区内的更新项目。在东京的中心区,与全球链接的城市功能和为当地居民服务的设施都将有所增加。

但当我们观察后奥运时代,就可以发现一些挑战。一是如何保持奥运会后几年经济的持续增长,因为在历史上,奥运会带来的经济猛增往往不能转化为长期增长。过去 30 年里,只有亚特兰大(1996 年)等少数城市成功地在后奥运时代保持了上升态势,而其他主办城市的增长则逐渐趋缓。东京后奥运时代的经济增长和生产力发展也将受到日本人口现状的影响。但是,尽管日本的人口在减少,东京的人口仍在增长,特别是中央区。

2050 年日本和亚洲的大东京

根据《广域地方规划》(2005 年)和《国土形成计划法》(2005 年),日本政府以推动区域自治发展为目标,在全国建立了八个"广域地区"。例如,东京位于"首都圈"内,这个地区还包括了关东地区的各县和山梨县(3800 万人口)。每个广域地区都将发展成为一个区域实体,提供有活力的功能和产业,并与国际链接,促进人、物和信息在区域间交流。广域地区的空间

重要的城市开发项目

© L' INSTITUT PARIS REGION 2019
资料来源:TMG

L'INSTITUT PARIS REGION

- ◥ 中心区
- — 主要公共交通线路和场站
- ◼ 亚洲总部特区
- ◼ 站点地区开发
- ● 开发地点
- ● 晴海奥运村

日本品川

2020 年,由知名建筑师隈研吾设计的新品川 JR 火车站开放以后,品川区的主要城市项目愿景是要创造一个密集的国际交流中心。规划利用现有铁路用地宽度的一半再开发,用以连接两条横穿铁路的城市主干道,建设新的公共空间和高层住宅公寓。这个项目的重点在于改善品川商业环境和交通基础设施,相对来说并非创造一个可持续发展的绿色环境。整体建设预计将持续到 2030 年之后。■

《2035 东京发展情景》

展望未来，东京发展将面临的威胁在 2014 年日本森纪念财团都市战略研究所的研究中已有所阐述。《2035 东京发展情景》综合考虑国内发展趋势和国际竞争环境，提出了日本首都的未来设想。该报告提出了若干"关键驱动力"以及各种具体行动，以帮助我们形成战略导向，带来积极结果。但是，考虑到放松管制、提升竞争力以及社会改革面临失败的可能，消极的情景也有所提及。

"暴雨"情景

东京的人口在 2050 年达到高峰，然后开始下降，劳动年龄人口减少，老年人口数量不断增长。国内生产总值持续下降，商业活动停滞不前，公民税收负担越来越重。由于缺乏资金，大规模的更新没有发生。一场预测已久的地震正好袭击了东京，严重影响了人口数量。随着东京失去经济吸引力，它与国际网络联系中断。由于管理问题，失业率上升，大学关闭。

"雨天"情景

东京继续计划中的放松管制，但未能充分促进竞争力和专业化的提升。城市遭受了经济和收入的停滞，迫使人们搬到生活成本较低的郊区。由于东京中心大部分土地都是为了投机购买的，随着土地所有者对土地的随意使用，城市结构陷入混乱。城市的维护和管理负担过于沉重，许多建筑物被遗弃。由于随意增加外来务工人员的数量，开放意识不明确，工人之间出现了两极分化。

"多云"情景

东京从日本国内外开发人才资源，并积极利用老年人口。国内生产总值和生产率先增长，但随后开始下降。老年人口的就业让人力成本激增，导致日本企业在全球成本竞争中疲软。企业无法留住有才华的年轻员工，日本制造业技能的传承也将终结。东京失去了在全球舞台上的地位。城市公共空间和环境的大规模维护跟不上城市区域的不断扩张。移民的数量急剧增加，出现了一系列融合不良的社区。

"晴天"情景

东京尽一切努力避免成为亚洲的"后勤部门"，而是成为亚洲地区的领导者。劳动参与率和整体生产率提高，使得经济稳步增长和国内生产总值不断增加。综合了先进的交通、信息、节能和安全系统方面的专业知识，东京成为高端的城市商业和工业的展示中心。东京推动日本技术，以创造一个通用标准。交通和环境负担大大减轻，摩天大楼与绿色植物混合出现。移民政策使得东京转型成为一个所有人都有共同价值观的社会。随着后奥运时代交通和城市开发项目的建成，包括水陆交通的重新启动和城市绿化等，东京的目标是继续打造一个宜居的、经济繁荣的城市。■

组织被视为克服与人口减少和老龄化有关的全国性挑战的关键。

与东京采用的"环形大都市"结构非常相似,尽管规模更大,国家规划中明确规定,各地区的发展必须集中在紧凑的"集群"内,并通过交通连接与协同实现跨地区(和国际)的"网络化联系"。就东京而言,潜在的机会源于构成"首都圈"相邻县的经济和产业专业化程度的提高,也源于首都圈与附近广域地区网络联系的提升。这一点可能会因正在建设的新高速列车"中央新干线"的建成而进一步加强:2027年起,通过这条新的磁悬浮线路,从东京到名古屋将花费40分钟左右,随后到大阪约60分钟左右,时速将达到500公里以上。中央新干线将增加日本经济和生产中心的凝聚力和网络化,使人口密集区与就业机会更紧密地联系在一起。

国家再均衡政策在当地被视为对东京经济增长的威胁

为了实现整个地区的提升以及人口与经济机会均衡分布的目标,战略寻求通过解决城市和非城市地区之间的不平衡来"纠正东京职能的过度集中"。但这可能削弱东京的经济发展,削减其与全球其他主要城市竞争的能力。东京在国际大城市排名中表现出色,但是它免不了受到来自新加坡、首尔或上海等同区域城市的竞争,如果不能持续提高,它将难以与伦敦或纽约抗衡。东京地区的特点是集中了功能、服务、产业和区域/国际交通联系。与其削弱东京在日本国内的单极地位,不如通过加强与国内其他地区间的联系与合作来增强首都的实力,同时保持其全球竞争力。■

延伸阅读

GRAND DESIGN OF NATIONAL SPATIAL DEVELOPMENT TOWARDS 2050(*PROVISIONAL TRANSLATION*)
Ministry of Land, Infrastructure, Transport and Tourism(MLIT), Government of Japan, 2014.

TOKYO FUTURE SCENARIO 2035
Institute for Urban Strategies, Mori Memorial Foundation, 2014.

URBAN DEVELOPMENT IN TOKYO 2016
Tokyo Metropolitan Government, 2016.

---

1. Cf. Lecroart(Paul), *Tokyo. Stratégies de développement urbain de la région métropolitaine*, Mission Report, Iaurif October 2002.
① 《日本国土形成规划》(2015)即"日本战后第7次国土规划——形成对流促进型国土",简称"七全综"。——译者注
② Technology Advanced Metropolitan Area 简称 TAMA,是1998年成立的技术先进首都圈地域组织,"TAMA area"是一个由东京都西部内陆多摩地域、神奈川县中央部和埼玉县西南部所构成的成片的内陆工业地带,这里承接了石油危机后从京滨工业带内迁而来的制造业与众多高校。——译者注

北京 2016—2035：大转弯？

作为首都，北京的城市发展对中国具有重要意义。北京承受着"大城市病"，例如交通拥堵、城市扩张和空气污染等。在新版城市总体规划中，一项国家战略首次需要在超大的区域尺度上实施规划，将非首都功能疏解到外围的新中心。规划能够实现吗？

北京面向 2035 年的挑战：管控城市蔓延以及修复退化环境

****

王飞，北京市西城区委副书记
石晓冬，北京市城市规划设计研究院副院长
郑皓，北京市规划和国土资源管理委员会总体规划处处长
伍毅敏，北京市城市规划设计研究院工程师

治国理政新理念、新思想、新战略成为新时代中华民族伟大复兴的科学理论指导和行动指南。"两个一百年"的奋斗目标得以确立：到 2021 年中国共产党成立一百年时全面建成小康社会；到 2049 年新中国成立一百年时建成富强、民主、文明、和谐的社会主义现代化国家。这些目标对所有部门（特别是对首都北京未来的城乡规划和建设实践）产生了重大影响。

中国城市发展形势与超大城市命题

中国已进入快速城镇化阶段的中后期。伴随着经济新常态，多数城市的发展更加成熟，意味着从规模扩张转向内涵式发展。在中国，城市增长模式的转型成为一个重要命题，北京和上海等超大城市在转型时

期承担着改革引领、探索创新的使命。对内而言，其任务是着力解决自身的"大城市病"，即交通拥堵、住房昂贵、大气污染、城市蔓延以及其他城市面临的问题。为了解决这些问题，城市要探索一种人口密集且经济发达地区的优化发展模式，提升城市发展质量和竞争力，完善城市治理体系。

2005年1月，国务院正式批复了《北京城市总体规划（2004—2020年）》。10余年来，首都经济社会保持了平稳较快的发展，期间圆满举办了2008年奥运会，应对了国际金融危机，并成功举办了亚太经合组织峰会和"一带一路"峰会等。北京已成为中国乃至世界上最具活力和潜力的城市之一。

北京面临的新挑战和新机遇

然而，北京也积累了一些深层次的矛盾，特别是人口、资源和环境的矛盾日益凸显。截至2015年底，全市常住人口达到2170万，平原地区开发强度达到46%。全市人均水资源量远低于国际极度缺水警戒线。尽管空气质量逐渐好转，但2016年年均细颗粒物浓度（PM2.5）依然过高。住房供应很难跟上快速增长的需求。

国家驱动的大都市化进程

土地是中国城市增长的燃料。过去 30 年的经济改革推动了非常快速的城镇化进程★和巨型城市的崛起,现如今随着经济增长减速而有所放缓。城市房地产市场的自由化和具有两面性的农村土地使城市陷入负债:为了获得资金,城市借入、购买和转售土地用于城镇化。这种机制消耗了土地,降低了区域的社会和环境稳定性。北京也不例外。

2015 年,为了能够更理性地使用土地,并保持与上海和广州所在区域的竞争力,北京制定了京津冀(北京—天津—河北省)协同发展规划。这一国家层面的规划包括在大区域范围内重组经济和产业功能,以及限制北京市常住人口规模。这也是《北京城市总体规划(2016—2035 年)》的基本依据。

规划基于"少即是多"★★(表现为土地和资源的节约集约利用和稳定的人口),以及首都功能和一般城市功能明确分离的原则。北京市中心将是国家政府机关的所在地;东郊的通州负责市级管理,将有超过 100 万的政府部门工作人员转移到这个地区;位于北京市以南100 公里的河北雄安新区,将容纳国有企业。2016 年以来,为了减少城六区的人口(目标是到 2035 年减少 15%),以及满足"政治中心"定位的要求,北京市通过疏解常住人口实现结构调整。

但北京的快速大都市化进程与国家和市政府双管齐下的治理构成了一定的矛盾。一个案例是保护大栅栏和史家胡同等历史街区的重大社会创新,这些项目给北京带来了活力,但由于人口疏解和商店关闭,这些由本地居民、建

城市功能布局优化

筑师和艺术家参与的项目发展受挫。它反映了城市政策与支持强化北京首都地位的国家措施之间需要调和。■

杰瑞米·德斯坎普斯(Jérémie Descamps)
城市规划师、中国城市线上研究平台 Sinapolis
创始人

延伸阅读
www.sinapolis.net
www.modumag.com

★ 城镇化率从 1980 年的 18% 上升到 2018 年的 57.8%。
★★ Descamps J., Xu S., *Promoting "Less is More": Beijing New Urban Master Plan*, Modu Magazine, 4 May 2018.

与此同时，北京的发展面临着新的形势和重大机遇，包括京津冀协同发展战略的实施、规划建设通州城市副中心和河北雄安新区。2022年冬奥会的筹备工作和"一带一路"建设的深入推进，对首都的未来发展产生了重大影响。2014年，北京正式启动了新一轮总体规划的编制工作，200名专家学者参与了综合性的研究工作。

首都更新的国家使命

2015年6月，党中央、国务院批复《京津冀协同发展规划纲要》[1]（以下简称《纲要》）。《纲要》提出，到2020年，将把北京市、河北省和天津市构成的京津冀超大城市区域建设成为一个世界级城市群。这项重大国家战略是要有序疏解北京非首都功能，将常住人口控制在2300万以内，中心城区（城六区）人口争取下降15%左右，使"大城市病"问题得到缓解。

北京将按照顶层设计，在新版首都总体规划中落实要求，这在历史上尚属首次。9月，党中央、国务院批复了《北京城市总体规划（2016—2035年）》（以下简称新版总规）。如今，北京的发展进程与国家进程相关。最终，2016年新版总规将规划期限确立为2035年，近期到2020年，远景展望到2050年，与"两个一百年"奋斗目标相衔接。

新版总规以落实赋予北京新的战略角色为核心。将北京定位为"四个中心"：政治中心、文化中心、国际交往中心和科技创新中心。新的发展目标符合以更宽广的视野、更长远的眼光建设更美好的首都的雄心壮志：建设一个迈向中华民族伟大复兴的大国首都、一个国际一流的和谐宜居之都。

北京新的空间结构：迁入／疏解城市功能

过去10年，北京地区生产总值的增长依赖土地投放和人口增长的状况，发展相对粗放。在资源环境承载力的约束下，城市必须适应更加集约高效的发展模式。新版总规聚焦于疏解北京非首都功能，在空间布局上着重突出首都功能和改善环境。规划提出新的城市空间结构，即"一核一主一副、两轴多点一区"。每个分区都有不同的目标。例如：

1. 核心区深度调整城市功能。规划提出疏解腾退区域性商品交易市场和大型医疗机构。疏解腾退的空间用于保障中央政务功能，用于补足绿地、水系和为居民服务的设施。

2. 伴随非首都功能的疏解、人口密度的降低、工业和仓储用地的减少，中心城区将实现优化提升，产业用地的利用效率得到提高。疏解腾退的空间将优先用于中央政务功能和重要国事活动、科技创新和先进产业，以及文化和服务功能。

3. 将通州副中心定位为市级功能搬迁的新中心。它位于市域东部，距离中心城区20公里。

虽然北京历版总规非常重视城市与区域之间的关系，但新版总规将区域协同聚焦的地域空间最终扩展到京津冀整体。北京作为区域的"一核"，将与天津市和河北省开展更加密切的合作。

为了管理好北京非首都经济功能的疏解，规划提出在北京市域以南、河北省境内建设一个新城：雄安新区。

规划约束、土地使用、遗产保护和景观设计

北京最突出的是以水资源为主的资源压力、大气污染物排放总量超过环境容

量、生态用地被不断挤占和蚕食等问题。因此，新版总规划定了城市规模（人口总量上限）、生态控制线和城市开发边界三条红线。

人口总量上限是根据水资源的最大承载力设定的。2020 年以后很长的一段时间里，北京市人口总量上限将稳定在 2300 万这一水平。新中国成立以来每一版总规都强调控制规模，但现实是增长与突破成为常态。城市化用地的增加为投机和寻求利润创造了机会。新版总规提出了城乡建设用地减量发展。

目前，北京的生产和就业空间过多，居住生活空间不足。与巴黎和东京等其他大都市区相比，北京现状城乡职住用地比例过高。东京和巴黎的比例约为 1∶3 ~ 1∶4，而北京则为 1∶1.3。新版规划提出压缩生产空间，适度提高居住用地比例，规划到 2020 年职住用地比例达到 1∶1.5 以上，到 2035 年达到 1∶2 以上。

除了这些目标，新版总规还提出要大幅度提高生态规模与质量，健全市域绿色空间体系，提高森林覆盖率，提升建成区的人均公园绿地面积；建成区公园绿地 500 米服务半径覆盖率达到 95%。规划提出促进水与城市协调发展，促进职住平衡发展，促进地下地上空间协调发展。

新版总规进一步延伸历史文化名城保护的内涵。除了近期对老城整体保护的关注外（例如对传统胡同地区的更新保护），规划还提出全面保护北京的自然和文化环境，对三山五园地区的整体保护，以及对长城文化带和其他特色地区的保护利用。新版总规中首次就城市设计、城市风貌进行单独论述。规划提出了一个涵盖建筑高度、城市天际线、景观眺望视廊、城市第五立面与城市色彩等的风貌控制系统。

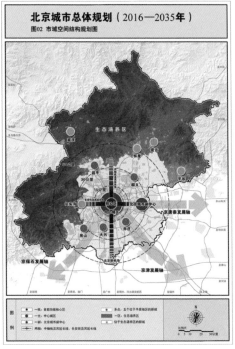

新版总规关注北部山区和自然区域的保护以及中轴线及其延长线的强化

实现规划愿景和目标

北京新版总规将城市发展视为一个有机整体。新版总规遵循政治、经济、文化、社会和生态文明建设"五位一体"、协调发展的要求。有效治理大城市病、构建现代化超大城市治理体系是高水平实现首都规划蓝图的基本要求和根本保障。新版总规主动回应人民群众关切，针对用地蔓延、交通拥堵、房价高涨、大气污染、市政基础设施和公共安全保障能力不足等问题分别进行了专项研究，并提出系统性的解决方案。

2004 版总规批复以来，北京城乡规划部门建立了多规协调统筹平台。但 2004 版总规的实施还有一定的问题。新版总规进

保护北京现存的传统胡同地区是新版总规的一个新特点

一步提出建立多规合一的规划实施及管控体系，建立城市体检评估机制，建立规划实施监督问责制度，严肃查处违反规划和落实不力的行为。

党中央、国务院在对《北京城市总体规划（2016—2035）》的批复中表示，《总体规划》"对于促进首都全面协调可持续发展具有重要意义"。尽管 2016 新版总规受到高度评价，但我们不应忘记中国著名规划师吴良镛教授在 2004 版北京总规编制完成时指出的："北京城市总体规划编制完成

之日，也是新的问题开始之时"。北京将在今后的总体规划实施及其他城市规划建设管理工作中继续求索，坚定地朝着国际一流和谐宜居之都的美好愿景迈进，争取早日实现"中国梦"和"两个一百年"的奋斗目标。■

1. China's Jing-Jin-Ji regional economic strategy：2016 progress update，JLL，*The Economist*，2016.

香港：宜居 VS 密度

在过去的几十年里，
香港的经济地位一直是由高密度土地开发模式推动的，
这个模式依赖于大规模公共交通网络与房地产价值捕获系统的紧密结合。
这种高层居住模式引发了宜居性、社会公平和韧性等质疑。
《香港 2030+：跨越 2030 年的规划远景与策略》（下称《香港 2030+》）
需要更多的空间，这种发展模式能够持续下去吗？
还是需要范式的转变？
曾经为温哥华、上海、北京带来启发，
将来还会成为其他城市的参照吗？

****

阿兰·基亚拉迪亚（Alain Chiaradia），香港大学城市规划及设计系副教授

谢如意（Louie Sieh），香港城市大学建筑与土木工程系助理教授

在海与山之间，香港已成为超高密度城市的标志

香的城市规划源于其独特的地理和历史环境，以及与这些环境相关的土地管理和特殊治理方式。但令人惊讶的是，这个拥有近 750 万人口、自 1997 年以来即成为中国一个特别行政区的亚热带"城市地区"，能传授给其他城市的经验远比人们想象中的要多。

九龙的奥林匹克站（高架桥）及其周边地区展示了香港的"轨道＋物业"开发模式

香港及其规划

香港的规划体系本质上是从 1997 年以前英国殖民统治时期继承的。成为中国的特别行政区以来，政府规划部门主要负责监督土地使用、规划及相关事宜。其主要特点是，所有土地均为特区政府所有，并限期出租用以开发。但是开发本身主要依赖于私营部门，他们是香港著名的"亲市场、轻监管"治理方式的主要受益者。重要的是，地政总署的角色不只是管理土地资源，还要在土地出让时努力获取最大化的土地价值。这导致了对更密集开发的强烈欲望，容积率达到 8 及以上的情况并不少见。香港没有民选规划主管部门，指定城市规划委员会作为传达公民反对意见的机构，开发的主要限制仍然是具有挑战性的地形。

香港经常被看作高密度城市的典型，香港轨道交通系统（MTR，下称"港铁"）支撑其成为世界上公共交通出行比例最高的城市之一。港铁有两个显著特点：首先，"轨道＋物业"开发模式可以最大限度地捕捉到与新的铁路基础设施及其场站建设相关的土地价值增值，这是自 1979 年第一条线路建设以来香港开发模式一直遵循的主要逻辑。政府在沿线的车站为港铁提供土地"开发权"。为了将这些开发权转化到土地上，港铁会根据轨道未开通时的土地市场价值向政府支付土地溢价。这种模式使一个极其密集且呈触角状的大都市从这个

具有独特风景的短暂历史

香港特别行政区
深圳
新界
九龙
香港岛
离岛

香港岛和九龙半岛均于 19 世纪中期割让给英国，它们构成了今天特区行政和商业的核心部分。聚落形态首先出现在有可建设土地的地方，香港岛上土地高度受限，九龙半岛土地稍大一些，城市的快速扩张是伴随着早期的沿海岸线和山谷地区的开垦而实现的。新界和离岛于 1898 年租借给英国，它们构成了特区最大的一部分，但直到 20 世纪 50 年代，这里仍保留着大量的农村地区，在村庄周边发展起来一些新城镇，以容纳二战后爆炸式增长的人口。如今，新界具有城郊特色，在这里点缀着港铁可以到达的高密度的和中密度的新市镇。鉴于地理因素，离岛的大部分仍然是农村地区。香港花了大约 150 年的时间形成了如今呈现的样子：位于珠江三角洲南端的中国大陆上，囊括了一些分散的多山岛屿，是一座耸立在青山绿水间的高密度城市。■

香港应该继续填海造陆还是牺牲剩余的农业地区？锦田区

特殊的地形中拔地而起。土地出让溢价需要重新投入地产项目，使该模式变得可行。所有这些仍然符合市场主导的逻辑，因为尽管港铁公司 75% 左右的股份归特区政府所有，但它仍然是一家私营实体企业。

其次，涉及网络的实际形态，强烈地反映了历史开发模式，因而网络过度集中也反映了香港经济活动聚集于历史节点和走廊上；去中心化只发生在住宅用途，而没有发生在商业用途上：无论规划多努力，香港仍有 76% 的工作场所位于城市核心区。随着港铁网络的发展，这一点得到了加强：人们在"想去的地方"排起了长队，从而加剧了本已繁忙之地的拥挤程度。

最后，在战略层面，《香港 2030+》作为香港特别行政区规划部门的战略性规划文件，必须符合中国政府制定的大湾区规划，该规划设想香港是珠江三角洲（下称"珠三角"）11 个城市之一，区域总人口约 6500 万，面积约 55000 平方公里。即便如此，只要香港仍然是一个有边界的自治特区，历史上形成的稀缺的可建设用地、鼓励地产开发的土地管理制度和私营部门驱动的开发模式的联动，仍然在规划中发挥主导作用。

向香港学习？

人们可能认为这些很特殊的环境使香港如此独特，所以那些没有极端地形和特殊历史的城市很难从香港得到经验或教训。但是，香港的案例可能是有启发性的，而且确实是以意想不到的方式产生影响。两个方面可能对大湾区有借鉴意义。

首先，中国城市已经执行了类似香港的土地管理模式，市政府只给予限期租约，因此能够通过出让行为筹集资金。这个制度倾向于驱动而非限制开发，但是几乎没有任何城市拥有香港这么极端的限制发展的地形，也没有特殊的历史限制。一个典型的例子是香港的开发受限于对郊野公园和绿化带的严格保护。虽然这种保护在最

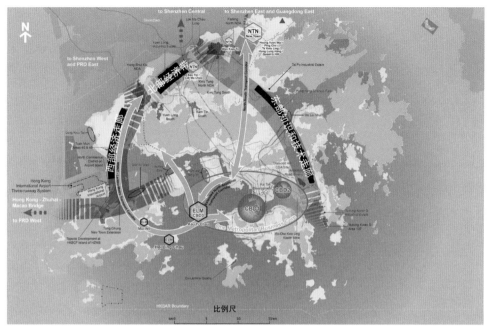

《香港 2030+》的空间概念侧重于：通过新的 CBD2 和大屿山东都会新岛计划（ELM）、西部和北部经济带（至新界北发展 NTN）、东部知识和技术廊道以及交通廊道（蓝色）扩展和加强现有的商业部分核心区（CBD1）

近的一份政府文件中受到质疑，该文件详细说明了增加土地供应的可能策略，但事实上，这些公园的存在和相对充分的利用意味着大部分土地将继续受到保护，以确保大面积的"绿色覆盖"。珠三角地区制定了限制和引导城市增长的规划政策，但战略性的绿色空间又如何呢？粗略回顾过去30年的航空影像图，可以看到珠三角经历了大规模的"去绿化"，而香港则成为棕色、灰色和黄色区域里的主要绿色空间。与直觉相反，香港可能正在成长为地区自然旅游目的地。

其次，许多城市都在追求建设轨道交通系统，并通过与"铁路＋物业"开发模式的结合为市政府创收。在大湾区，其余10个城市中有4个城市建设了地铁系统，有些规模还很大。对于这些系统中的每一个，来自香港的教训是，地铁网络的形状关乎城市中心性管理的好坏。即便是广泛分布的地铁系统加上快速增长的高速公路网络，目前乘坐公共交通穿越珠三角出行

依然是很困难的。虽然珠三角一些相邻的地铁系统正在开始连接，例如深圳与其网络两端的港铁和东莞地铁连接起来了，但地铁系统并不适合区域出行。为了避免香港可达性线路过度集中，亟需以某种方式补充大湾区的公共交通系统。

为香港设想

在大湾区时代，香港自身有何设想？

在一种住房所有权构成安全感和社会地位的文化中，近年来住房越来越难以负担，迫使人们寻求更多的土地供给方式。2018 年 4 月，土地供应专责小组展开了以"增辟土地，你我抉择"为题的公众咨询活动，提出了 12 项可能的新策略，包括利用地下空间、继续填海、村庄扩建和在新界建设更多新市镇。

首先,增加"土地供应"的一个假设是，密度与宜居性呈负相关。这个观点在《香港 2030+》文件中首次提出，基础分析选取了美世指数排名[1]中世界宜居性得分前

200 名的城市，并将其宜居性与密度进行比较。政府关注"城市排名"，因为他们将宜居城市视为吸引和留住由外籍工作人员及其雇主构成的高度流动且国际化"社群"的必要因素。在大湾区时代，宜居性可能更为重要，因为尽管困难重重，香港仍要与其他珠三角城市竞争，而这些城市拥有更多和更廉价的空间，以及潜在的更好的生活质量。如果给予适当的居留条件和权利，香港人很可能会选择跨境居住；事实上，许多人已经跨境居住了。

想探索一些使香港保持竞争力的设想，我们从挑战这样一个假设开始，即假设一个密集的城市总是不那么宜居。

就像任何关于场所的简单概括一样，这个假设容易引起误导。我们不能说更高的密度必然意味着更低的宜居性，因为许多其他方面也必须考虑在内。同样，人们很容易争辩说，富裕的城市总是更宜居，但数据显示，尽管宜居性随着人均 GDP 达到最大值而增加，但宜居性排名最高的城市并不是最富裕的城市。从全球来看，似乎只有"城市规模"与宜居性或多或少有一致性的关系：城市越大，宜居性越差。

这里的重点不仅是如何理解并衡量宜居性概念的复杂程度问题；正如我们所看到的，还有很多因素在起作用。重点是，当更深刻的分析能够带来技术上更优的决策时，那么政策制定中简略的、无差别的概念就应该避免，无论它们看起来多么诱人。

如果只是探讨密度太过简略，城市规划还能通过影响哪些其他因素来应对开发用地的缺乏呢？

在香港，有许多过度拥挤的城市空间和地区，但也有许多安静和不那么拥挤的空间和地区。存在着人员和工作场所在空间上的分布问题，这显然与公共交通配置有关。穷人在这里只能租一个半人高、可上锁的硬板床，甚至收入良好的专业人士也很难负担一个 15 平方米的公寓，但这里的富人却有足够的空间停放大量豪华车。这是一个空间利益分配的问题。

当过马路的时候，即使宽阔笔直的车道上看不到一辆汽车，即使聚集的行人完全阻塞了狭窄的人行道，行为习惯良好的居民也会在人行横道处等待绿灯。这是一个关于人在空间和时间上的分布以及空间资源分配的问题。所有这些都表明香港针对不同使用者的空间分配不仅体现在空间上，而且也体现在时间上。因此，"为发展提供更多的土地"只是解决香港空间利用问题的一部分答案。

我们建议，不仅要问香港如何"增加土地供应"，还要问香港如何更高效和更有效地"利用其空间"。

我们不能简单将更高的密度等同于更低的宜居性

更高效地利用空间

这种改变要求我们不仅要考虑土地使用的位置，还要考虑"配置形态"，也就是对实体的设计；不仅是土地用途，还要"编程"，或者说对活动的设计；不只是"控制性规划"和"房地产开发"，还包括对制度的设计。例如，一种在特定地区的以项目为导向的开发方式，在法国称之为"协议开发区"（ZAC），能够使公共开发部门与私人投资者合作，并同时协调上述三个方面的问题。

这种框架重建反映了过去 20 多年世界各地规划理论和实践的发展方向，即从以数字为基础的"开发控制"技术模式转向"开发管理"，以及最近的"基于场所的规划""场所营造"和"场所管理"。这种设计上

超高的房地产价格迫使香港的普通家庭居住在很小的公寓里

的重新定位将为更具响应能力的城市治理提供适当的灵活性和框架，目标是追求更宜居的城市。

如果这种范式转变是可行的，香港或许可以更好地控制和更充分地利用其独特的空间和场所资源，在空间质量竞争而非空间数量竞争中脱颖而出。

它能够在香港实现吗？与这一范式转变背道而驰的，是现有机构的路径依赖，以及政治和商业文化中的保守力量。然而，如果香港想要保持吸引力和宜居性，就必须进行改变。对于一个已经多次完成自我更新，并成为富裕世界一员的城市来说，香港的城市规划以及建成环境质量管理并不能体现其公民不断发展的需求和期望。宜居作为奢侈品的时代已经一去不复

返了，如今它成了保持香港宝贵竞争力的有效组成部分。■

延伸阅读
HONG KONG 2030+TOWARDS A PLANNING VISION AND STRATEGY OCTOBER 2016

---

1. 美世 2019 年全球城市生活质量排名。

拉丁美洲城市正在创造新的交通解决方案

拉丁美洲大都市区的能源转型正在遭受私家车数量激增的威胁。
尽管这些城市正在寻找促进大型公共交通系统发展的创新性解决方案，
但似乎单凭技术方面是不够的。
一个综合性和人人共享的新城市愿景呼之欲出。

****

安德烈斯·博尔塔加雷（Andrés Borthagaray），法国 VEDECOM 移动城市研究所总监、
建筑师和城市规划师

托马斯·马辛（Thomas Massin），阿根廷国家科学与技术研究理事会研究员、城市学家

波哥大的公交系统，对于一个拥有 1050
万居民的超大城市来说，尽管有效，但
却不足，摄影：SCOTT DALTON/NEW YORK
TIMES-REDUX-REA

根据安迪娜金融联合会2018年发布的一项研究数据，2010年以来拉丁美洲地区的人口增长了10%，但汽车数量增加了40%，摩托车数量增加了200%。这一增长可以理解为弱势群体和工人阶级对不足的公共交通的合理反应，在这种情况下，个体车辆被视为从A到B的唯一"有效"方式。但这可能使拉丁美洲城市失去能源转型过程中的一项比较优势，即对机动交通的依赖水平低于世界较发达地区。应该由创新的解决方案促进能源转型，改善与城市交通和基础设施相关的公共资源分配和效能。

关于大规模公共交通的解决方案，拉丁美洲几个大城市在过去几十年里经历了长足的发展。同步出现了一些新的宣传语，有时也会产生新的大都市治理机构，如罗萨里奥（阿根廷）的大都市协调机构和麦德林（哥伦比亚）阿布拉河谷地区的大都市地区。但总的来说，多数大城市的地铁网络发展缓慢（墨西哥城、圣保罗和圣地亚哥），或者现在的投资水平尚不及几十年前，例如布宜诺斯艾利斯的铁路网络长度保持在800公里，从20世纪初到现在没有变化。波哥大居住了800多万居民，是世界上没有地铁的最大城市（计划将于2024年建成）。

更低成本、更具创意的解决方案

在此背景下，有关基础设施的更低成本、更具创意的解决方案已经出现。两个著名的案例是快速公交系统（BRT）和公交缆车系统。

在库里蒂巴（巴西）[1]的第一个版本问世40多年后，BRT在拉丁美洲和其他地区的许多城市（伊斯坦布尔、约翰内斯堡、拉各斯等）被复制。世界银行在支持BRT的发展中发挥了重要作用，但它有时没有真正考虑到城市的环境。波哥大竭尽全力建造BRT快速公交网络。整体的效果是值得肯定的，但在乘客数量或公共空间组织方式方面存在个体差异。麦德林的缆车是缆车公共交通的代表，在国际机构的资助下，现在其他城市也出现了类似的系统。里约热内卢、拉巴斯和加拉加斯已经建造了缆车，基多也有一个缆车正处于规划之中。

但我们不能忽视大都市公共交通系统所面临的结构性问题，这些问题必然需要大量的长期投资，而这些投资在拉丁美洲的大城市里仍然常常用于道路建设项目中，例如，布宜诺斯艾利斯的巴乔高速公路或墨西哥城的外环路等。

创新的和低成本的基础设施解决方案正在尝试之中

转型的新方法

除了这些案例之外，可持续交通转型的新方法应设法解决最贫困人口的交通需求并促进城市的紧凑发展，这将需要持续性的、一体化的愿景，而不是技术幻想。

第一种方法与治理相关，是从决策过程到交通方案的技术、经济和环境评估。财团（巴西国家石油公司Petrobras和巴西建筑巨头Odebrecht公司等）和政客间的巨额腐败丑闻清楚地提醒我们，需要提高决策系统的严密性，以抵抗来自大型建设集团的压力。这些丑闻也表明，交通项目的选择过程过于强调技术。即便所有拉丁美洲国家都认可《巴黎气候协定》，但气候变化和空气质量在政治讨论和决策过程中仍然没有受到足够重视，甚至在环境评估中经常不被提及。公开会议和协商确实存在，

为了取代以汽车为导向的发展模式，拉丁美洲城市正在寻找创新性的解决方案。卡利尝试着消减城市障碍物的影响（上图），在布宜诺斯艾利斯（下图）等城市，正在不断扩建人行天桥。在布宜诺斯艾利斯和里约热内卢等城市，投入资金用于铁路网络或缆车系统的建设

就像墨西哥城的改革大道（Paseo de la Reforma）一样，在周日，大多数拉丁美洲城市将其主要街道改为步行和自行车通行，以此作为更持久变革的预告

但它们往往只是流于形式，预算文件和技术评估有时也难以理解。

第二种有待探索的方向涉及交通环境。在城市项目中，这意味着考虑行人和骑行者，以及抵制障碍物的存在。例如，波哥大希门尼斯大道（Avenida Jiménez）的开发在这方面非常成功，但在加拉加斯大道上，机动化交通占据了公共空间功能的主导地位。它还包括完善公共交通的乘客信息和满足弱势群体需求，这更加有助于人们捍卫自己的权利。像墨西哥的哥伦比亚泥炭人基金会和墨西哥泥炭人联盟这种充满活力的组织，或者像胡安·卡洛斯·德克斯特（Juan Carlos Dextre）在利马组织的学术倡议，也有助于提高人们对于这些问题的认识。最后同样重要的一点是，实现公共汽车能源转型、提高对化石燃料排放的社会成本认知两大契机，将为重大变革打开一扇机会之窗。

实事求是地说，大规模自发或非正式系统的存在有助于技术创新（例如包含小巴士①等车辆共享解决方案的平台和大数据），能够为"负担过重"的交通网络提供补充。尽管存在利基创新②，但期望以自动驾驶汽车的方式实现奇迹般的解决方案似乎是不现实的，因为自动驾驶汽车成本高，而且必须与非常旧的车辆共用道路，并且难以严格遵守交通法规。

这意味着，在不同地域环境中需要通过基于民主治理，而不是技术解决方案所探索的智慧、创新的方法，才能实现向可持续拉丁美洲城市的转型。在这方面，拉丁美洲的城市很可能启发世界上的许多大城市。■

---

1. 巴西南部巴拉那州首府。
① 小巴士是指非洲某些地方走固定路线、乘客可随时上下的小公共汽车。——译者注
② "利基"（niche）是一个商业术语，按照菲利普·科特勒在《营销管理》的定义，利基是更窄地确定某些群体，这是一个小市场，其需求没有被服务好，或者说"有获取利益的基础"；利基创新即针对那些专业性很强的产品进行的创新。——译者注

豪登省：压力之下的非洲城市区域

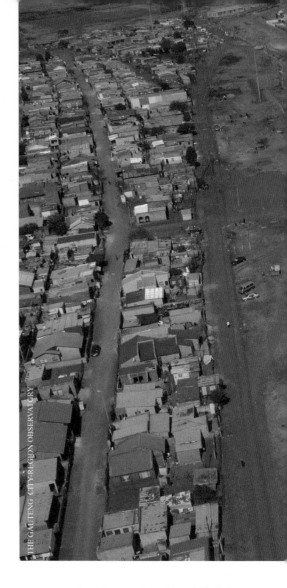

从种族隔离制度的瓦解到当前不确定的政治时代，在经济增长和外来移民的推动下，豪登省城市区域经历了一种社会和物理空间碎片化的发展模式。豪登省的规划体系是否和许多非洲城市一样，仅仅是跟随在市场力量和民众需求之后？还是能够围绕战略项目，有效统筹关键参与者来引导发展？

****

艾伦·马宾（Alan Mabin），威特沃特斯兰德大学名誉教授

拉希德·西达特（Rashid Seedat），约翰内斯堡豪登省政府规划部长

以全国金融和政治中心约翰内斯堡和比勒陀利亚为核心，南非豪登省是一个拥有近 1500 万人口的高度城镇化地区，乡村地区规模很小。1994 年种族隔离正式结束，以及第一次民主选举构成了这个城市区域转型的起点。自那时起到现在，这个地区的人口至少增长了 100%，建成区面积增加了 50% 以上。

从愿景到现实：当双手被束缚

一代人以前，反对种族隔离斗争的胜利前景激发了对空间形式改变的渴望，包括加密、紧凑、减少蔓延，以及更加清晰

在约翰内斯堡和比勒陀利亚之间：兰德堡的河湾地区

地沿交通节点和线路发展，同时也减少了
严重的社会和种族隔离。"尽管积极的国家
政策已经产生了一些影响（不仅是向理想
空间转型方面），但仍然存在着一些复杂的
相互关系，实证研究表明，大量实施指向
了私营企业和个人在塑造空间变化中的作
用，部分得益于国家规章制度的放松"。[1]

但是在今天，"碎片化的发展形式仍在
继续"[2]，城市蔓延也在继续。之前种族隔
离的"黑人城镇"和不断扩大的城郊型地
带是典型的例子。带状蔓延尤其强烈，特
别是连接比勒陀利亚和约翰内斯堡及其向
南延伸大约60公里的带形区域。民众需

约翰内斯堡
比勒陀利亚
科兹摩城
桑顿
罗斯班克
约翰内斯堡中央商务区

求导向的住房供给构成了这个带形区域的
组成部分，另外还有很多集合住宅、独立
住宅和有围墙小区。在豪登省外、北部和
西北部地区，过去的异地城市化模式仍在
继续。然而，人口的增长快于建成区的增

长，因此加固和加密也在进行。从 2001 年到 2011 年，建成区的总密度从每平方公里 3700 人增长到了近 5000 人。

人口变化与服务供给、经济增长相关

豪登省的人口持续增长。如今，该省大约有 1470 万常住人口，占南非总人口的 25%，地位举足轻重。2018 年的中期人口评估显示出豪登省外来移民持续增长的态势，2016 年以来，从其他省份和非洲其他国家流入了超过 100 万的移民。增长的人口给过度扩张的基础服务带来了额外的负担，但最近开展的生活质量调查（QoL）表明，豪登省的服务供给水平仍然保持稳定。[3]进一步调查显示，虽然一些城市的服务供给有所改善，但其他城市却出现了崩溃，从而降低了对地方政府的满意度。

豪登省政府继续关注地方经济转型，以应对失业、不平等和贫困的三重威胁。尽管经济前景黯淡，但豪登省贡献了南非国内生产总值（GDP）的 35%。豪登省的经济增长是由金融和商业等高端服务业、贸易和政府服务推动的。但是，2017 年豪登省的整体失业率约为 33%。

如何规划一个不断蔓延的非洲城市区域?

豪登省近期的发展表明，空间结构转型仍然是巨大的挑战。城市快速扩张，很大程度上是由人口流入造成的，导致难以调动足够的资源，意味着改造城市环境的想法很少得到实施，甚至没有试验。尽管如此，在更多经济增长，特别是就业增长的预期之下，仍然能够为可持续和公平的城市空间发展扫清障碍，同时促进政策工具和社会共识。也许这些能够有助于在未来 30 年，也就是到 21 世纪中叶更加实质

性地改变这一城市区域的面貌。

2017 年，由豪登省政府完成和发布的《豪登 2030 年空间发展框架》（以下简称"豪登 2030"），"旨在管理、引导、聚焦和统筹省内所有发展支出，以确保快速、可持续和包容性的省级经济增长和乡镇重建，从而使空间转型成为可能"。2011 年以来，第一版框架的实施情况相对较差，空间、经济和社会转型较慢，因此省政府决定增强执行力度。2015 年，《空间规划和土地使用管理法》（SPLUMA）颁布实施，用以支持愿景实现。该法令规定从国家、省、地区到市等各治理层级编制空间发展框架。它要求对相关文件进行评估修订，以确保一致性。

"豪登 2030"力图加密城市区域核心（约翰内斯堡—比勒陀利亚—埃库胡莱尼走廊），将这个城市区域组织成一个连续的功能实体；明确和加强多中心结构，特别是城市次中心；加强与乡村地区的联系；以及保护核心区周围的绿化带。主要困难包括有竞争性的甚至相互矛盾的发展目标：存在于省级政府的不同职责之间、大都市层级和省级之间、私人开发商和地方政府的不同目标之间。现在评估"豪登 2030"的实施效果还为时过早，但可以点出一些其他城市地区可能感兴趣的、具有启发性的项目。

当具有不同权力和职能的机构共同工作或至少以互补的方式工作时，就会出现发生巨大变化的信号。一个重要案例是 2010—2011 年间新开放的豪登省轨道快线地下站厅周边地区的开发。约翰内斯堡的桑顿和罗斯班克车站最具代表性，在这两个站的开发中，可以看到省铁路规划、市政府放松土地管制和重大基础设施投资，以及私人开发商和公共机构之间的积极对

豪登省大都市地区内的居住区类型

茨瓦尼城

比勒陀利亚

约翰尼斯堡城
约翰尼斯堡

艾古莱尼市

兰德韦斯特

豪迪邦

历史上的中心区
郊区
乡镇
自发形成的居住区
豪登省轨道快线
主干道

豪登省
各区市

N 0   20km

© L'INSTITUT PARIS REGION 2019
资料来源：GSDF 2030（2017）

话，使得车站周围地区迅速发展。这里集聚了办公、商业和住宅空间，其住宅中至少有一部分，只要不是穷人，在这里工作的许多工人都能够负担得起。

另一个政府之间成功合作的案例是约翰内斯堡西北部的克斯莫城。规划提出建设一个适于不同收入阶层的开发项目，该项目包含了为低收入居民提供的补贴住房以及出租房和商品房。这一次，私营和公共部门再度合作，在约翰内斯堡市政府、省政府和国家人居部的参与下，探索出一种过去没有的新的住宅发展模式。大约7万套新建住房，使克斯莫城能够满足区域大量的住房需求，并且是一种新型的、相对综合的城市开发。在"豪登2030"引导下形成的这种规划和开发互动的方式，能否在未来10年继续并加强，还有待进一步观察■。

延伸阅读

QUALITY OF LIFE SURVEY
Gauteng City Region Observatory（GCRO），November 2018.

SPATIAL TRANSFORMATIONS IN A "LOOSENING STATE": SOUTH AFRICA IN A COMPARATIVE PERSPECTIVE
HARRISON Philip and TODES Alison（2015），Geoforum，61，pp. 148–162.

CHANGING SPACE，CHANGING CITY：JOHANNESBURG AFTER APARTHEID
HARRISON Philip et al.（2014），Johannesburg：Wits University Press.

1. Harrison and Todes（2015）.
2. Gotz，Graeme，Chris Wray and Brian Mubiwa, The 'thin oil of urbanisation'? Spatial change in Johannesburg and the Gauteng city-region，in：Philip Harrison et al.（2014）.
3. https：//www.gcro.ac.za/research/project/detail/qualityof-life-survey-v-201718/.

第二部分
蝶变

****

　　所有城市都面临着空间、经济、能源、科技等方面的快速变化。在风险和不确定性不断攀升的时期，每个城市都需要提高韧性，改变发展轨迹并创造新的发展模式。有的城市已经成功经历彻底的蜕变。在过去应对危机的过程中，他们战略性地、敏捷且有组织地在一、两代人的时间里改变了城市发展的轨迹。那么，其他城市有可以借鉴的地方吗？

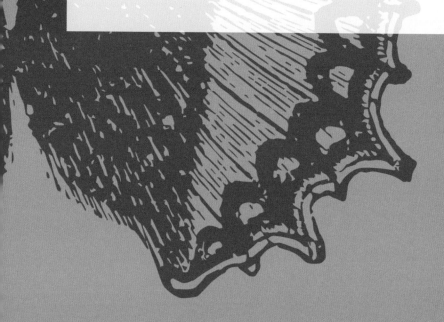

芝加哥河的蝶变

城市如何改变它们的发展轨迹？

城市出现、繁荣、收缩和转型。

有的城市走向消亡，有的城市重生，有的城市则会经历完全的蜕变。

新加坡、鲁尔、哥本哈根和麦德林都是通过改变发展模式应对社会和经济危机；

还有一些城市提出韧性的创新策略。

所有城市都必须通过深刻的变革与 21 世纪的社会和生态挑战和解。

但是该怎么做？

＊＊＊＊＊＊＊

保罗·洛克哈德，巴黎大区研究院高级城市规划师

　　近几十年，由于化石能源和自然资源支撑的经济增长，全球贫困率有所下降，但也加深了社会和经济的不平等程度。自人类出现以来，全球气候变暖就在加速。2030—2050 年间，与工业化之前的水平相比，全球气温极有可能上升至少 1.5℃，甚至 2.0℃，对生态系统将造成不可逆的影响。全球生物多样性的下降速度前所未有。

　　大城市将率先应对各种形式的严重危机：洪水、飓风、卫生、移民危机、城市网络的脆弱性以及继发的一系列社会和经济问题。一些城市正在制订生态规划，提出缓解、适应气候变化和韧性策略。

　　生态、经济和政治危机并非新问题，但是未来，这些危机将更具全球性与系统性。公元 2 世纪初，大雷普提斯（Leptis Magna）是古罗马帝国最繁华的城市，但由于过多的森林砍伐，它的港口逐渐被淤泥堵塞。于是人们决定扩大港口，但这只会加速淤泥堆积，加快城市的经济衰退。在人们最终将大雷普提斯遗弃在沙漠之前，它很可能遭受了地震、海啸或外敌入侵。以弗所和其他一些城市的命运亦是如此。

　　为了能够幸免于未来，城市和区域必须在国家和国际机构的支持下尽快适应这种快速变化。包括共同构建积极的城市发展轨迹，为人类带来理想和可能的未来。地方政府必须谨慎预测变化过程的每个阶段，阐明可能的选择及其产生的后果。他们要与经济界、企业、中间组织、邻近地区和公民协会谈判并达成协议，每个人都必须放弃某些利益，以便所有人都能在经济、文化、生活品质方面有所收获和感到幸福。

蝶变（Metamorphosis）

形容人或者物质完全转变为另一种东西的过程。
《牛津高阶词典》

韧性（Resilience）

指从困难中快速恢复的能力；物质或物体快速恢复原状的能力。
《牛津高阶词典》

危机（中文）

危机，"危"指"危险"，"机"指"临界点"或者"决定性瞬间"
译自《拉鲁斯法汉词典》，2018 年

　　• 如何建立长期的改变路径？
　　• 如何找到资金以支持促进改变的重大选择？
　　• 如何大规模实施生态、社会和规划领域的创新？
　　• 如何利用已经取得的进展影响公众舆论，并进一步发展？

摆脱不平等、实现"碳友好"，需要长期的战略支持和强大的政治意愿

　　为了回答这些问题，还有什么比回顾在一两代人的时间内发生深刻变化的城市和区域的经验更好呢？谁能在 1989 年的时候想到，几乎被钢铁工业摧毁的鲁尔河谷会因为创新性的生态和文化改造项目而变成一个更加绿色与富有吸引力的地区（详见迈克尔·施瓦泽-罗德里安的文章，第 76 页）？马尔默在 20 世纪 90 年代早期经历了严重的经济和社会危机，现在却转变为欧洲可持续发展之都，尽管社会环境依旧脆弱，但经济却充满活力。它的邻居哥本哈根作为"绿色增长"的世界引领者之一，空前的繁荣让我们忘记了，其摆脱 20 世纪 90 年代的严重危机得益于和丹麦这个国家建立的战略联盟（详见保罗·洛克哈德的文章，第80页）。比较纽约与哥本哈根很有启发意义：两个城市都在20世纪80年代破产，纽约自2001年以来实现了惊人的复苏，但是没有进行必要的结构转变，导致它在生态和能源转型方面更加落后。

麦德林的例子非常成功。20世纪90年代饱受暴力和毒品走私问题困扰的麦德林，2012年被《华尔街日报》评为"年度最具创新力城市"。在这30年中，五位具有战略眼光的市长实施的具有撬动效应的项目使整个大都市区迸发出新的活力（详见路易斯·费尔南多·冈萨雷斯·埃斯科巴的文章以及与西梅娜·科瓦莱达的访谈，第92页）。首尔的变化始于21世纪前10年，它摒弃了20世纪70年代的生产型城市发展模式，取而代之的是一种将城市居民和环境作为战略核心的发展模式（详见金喜锡的文章，第83页）。新加坡有自己独特的故事：20世纪60年代的新加坡是一个年轻的岛屿城邦，贫穷且资源匮乏。现在的它已经成为一座繁荣大都市，并且正在寻求一条更加可持续的环境发展之路（详见保罗·洛克哈德的文章，第88页）。

由于经济、金融和政治体系的惯性和复杂性，有时认为一些城市无法治理，但它们已经显示出了惊人的可塑性和可渗透性。当遭遇严重危机，或意识到逐渐衰落时，它们就会寻找必要的资源改变发展轨迹，通过新的发展模式重塑自己。城市规模、发展水平、增长速度、行政组织、商界和公民的参与、大都市地区的社会和文化凝聚力……所有这些因素都会影响变革战略的实施。但在各种情况下，战略眼光、抓住机遇的能力以及市长、政府官员或国家领导人的领导能力都发挥着至关重要的作用。[1] ■

变化中的模式：挑战和方法，麦德林的一处公园

1. *Large Scale Urban Development Projects: Drivers of Change in City-Regions.* Les Cahiers de l'IAU n°146, June 2007.

变换赛道：长期的鲁尔经验

杜伊斯堡北部风景公园的街头美食节

　　鲁尔地区在一代人的时间里发生了翻天覆地的变化，从以煤炭和钢铁产业为基础的衰退工业区转变为一个绿色服务和知识经济导向的多中心大都市，对社会发展和城市景观都产生了深远影响。这个案例讲述了一群独立城市如何以新的愿景、创新性的方法和量身定制的区域合作途径应对结构转型，其中有许多经验可供学习。

****

迈克尔·施瓦泽－罗德里安
（Michael Schwarze-Rodrian），
欧洲和区域网络鲁尔区域分部总监

　　自1985年以来，随着旧工业的衰退，鲁尔地区约5000公顷土地受到污染，变为棕地。此时，人们需要用一种新的思维方式思考未来，并为广大的后工业化城市找到可持续的解决方案。在20世纪80年代后期，出现了一种新的声音，将经济和社会的结构转型视为实现城市和区域可持续发展的独特机会。这种方法在今天听起来很熟悉，但在当时完全不为人知。它回应了人们日益增长的对环境问题的关

鲁尔大都市区包括……

11 个独立城市

4 个县 } 53 个地方当局

510 万人

更新策略与工具

国际建筑展的成功使得许多区域性或定制的更新战略和组织活动得以开展，以不同的方式进行试验。

·"鲁尔艺术节"。（自 2002 年起）一年一度的高端表演艺术节在 1999 年国际建筑展（IBA）期间改建的工业遗产大教堂举行。

·"鲁尔城市区域 2030"。这是一个由 11 个大城市和 4 个县的规划管理机构自愿缔结的组织。

·"概念鲁尔和改变机遇"。41 座城市和 4 个县参与的综合发展解决方案，包括剩余矿区的改造。

·"鲁尔 2010"。欧洲文化之都年度系列活动。

·"鲁尔创新城市"。一项 10 年间减少 50% 温室气体排放量的计划。

·"鲁尔艺术博物馆"。由该地区 20 家艺术博物馆组成的博物馆组织。

·"气候展 2022 年"。气候解决方案最佳实践展示厅。

·"鲁尔绿色基础设施"，融合了五大可持续领域：文化城市景观、城市中的水、绿色城市化、低排放自行车、气候保护和能源效率。

·"国际园艺博览会鲁尔 2027"（IGA2027）。在前工业基地中建造的三座未来花园。

这些行动的相关性依赖于一些关键和反复出现的因素，如远见、乐于创新、最佳创意、设计和方案的国际竞赛、领导力、网络组织、协调、透明、合作、公平和伙伴关系，鲁尔城市群和周边地区已经学会遵循这些关键原则。■

注和保护当地遗产的意愿。

1999 年的国际建筑展（IBA 1999）是促进埃姆舍尔公园发展的催化剂

振兴鲁尔落后地区的战略通过国际建筑展得以实现，这个展览由充满创意的总监卡尔·甘舍领导，1989—1999 年在埃姆舍尔公园举办。活动的副标题为"老工业区未来工作坊"，这个量身定制的、大规模的，集创意讨论、组织交流和激发新解决

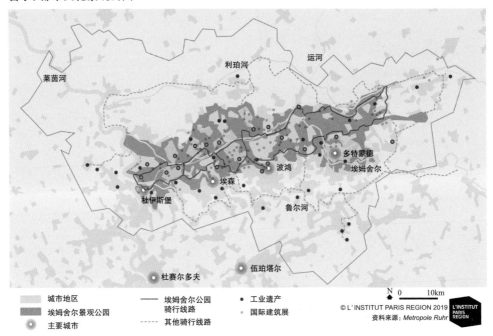

城市地区 ｜ 埃姆舍尔公园骑行线路 ｜ • 工业遗产
埃姆舍尔景观公园 ｜ --- 其他骑行线路 ｜ ◦ 国际建筑展
⊙ 主要城市

N 0 ___ 10km
© L'INSTITUT PARIS REGION 2019
资料来源: *Metropole Ruhr*

方案于一体的实验，成为整个地区发展的蓝图。1999 年的国际建筑展成为鲁尔地区的最佳实践项目。换句话说，在此期间所做的事情可以复制到其他地区。国际建筑展实验的影响持续且广泛，并一直延续到今天。

如今，鲁尔地区的天空又变蓝了，这是前总理候选人维利·勃兰特在 1961 年竞选时做出的承诺，而当时人们认为这是极不可能的。多年来，鲁尔的空气污染大为减少，污染土壤已被测出、清洁或密封。部分棕地正在被新型和更加清洁的行业重新利用，还有一些改造成了社会和文化设施、历史地标或公园。

城市景观变得更加绿色、更好地相互连接，国际著名的埃姆舍尔公园是最好的例证。20 个城市和鲁尔地区协会（RNR）正在规划、设计、投资和开发一个范围达到 457 平方公里的新一代城市景观项目。由工业用地改造而成的独特园区已成为新思维的地标。杜伊斯堡北部景观公园、奥伯豪森树木公园、埃森的矿业同盟工业文化园区、杜伊斯堡内港、波鸿城西公园、多特蒙德凤凰湖地区、盖尔森基兴北极星公园、波特洛普正四面体（位于巨大废弃矿山顶部的钢结构观景塔）等，自 1990 年以来，超过 100 个类似项目一个接一个落地。

废弃的铁路被改造成数百公里的自行车骑行道。埃姆舍尔河在作为排水沟 100 年之后，又变得清澈起来。到 2022 年，埃姆舍尔河合作社将投入 53 亿欧元，使其完全恢复为宜居的河流系统。

鲁尔：持续 40 年的变革实验室

40 多年来，鲁尔一直是变革的实验室，它的转变自 20 世纪 60 年代以来就成为地区和联邦政治的一个重要议题。从旧工业向现代知识型都市圈的转变遵循了不同的战略和步骤，包括对大学、新技术、培训项目和城市更新的大规模投资。由于城市预算对于应对挑战来说规模太小，转变过程得到了来自北莱茵－威斯特法伦州、联邦政府和欧盟的公共补贴与资金的持续支

鲁尔地区的改变是基于地方官员的合作。在这里，市长们参与讨论自行车道的布局

持。这对于弥补市政府的预算至关重要。若干量身定制的公共政策工具、国家计划、倡议和政治战略已在鲁尔地区讨论、制定、试验并实施。

我们从中吸取到的一个宝贵经验是场所的重建需要时间：将老工业区和社区改造成宜居和有吸引力的场所花费了30多年。

基于政治共识的复杂而开放的过程

鲁尔地区的转型仍在进行中。它是一个复杂而开放的过程，融合了社会、经济、文化、环境和日常生活的方方面面。它与德国、欧洲和世界市场的动态变化直接相关。鲁尔地区的转型是一个成功的故事，因为它是基于当地的现实和条件、个人技能、企业潜力、城市的伙伴关系以及学习、参与和构思变革的意愿。城市之间的战略合作是该地区成功复兴的关键因素。这种长期形成的政治共识可以用"软着陆"来形容。

然而，这一复兴并不是均质的，有赢家也有输家。不是每个人都能改变，获得新资格或新工作，在贫困社区仍存在长期失业现象，需要新的解决办法。德国最后一批煤矿已于2018年12月关闭，而鲁尔地区的再开发并不意味着告别过去。相反，在过去的30年中，工业遗产已经转变为文化根源，成为新的发展基础。如今，以前的工厂、钢铁厂、煤矿、矿渣堆和重工业铁路是工业遗产路线（RIK）上的节点，这条长达400公里的路线在2017年吸引了730万游客，成为欧洲工业遗产路线网络(ERIH)的领头项目。

鲁尔人民为取得的成就感到骄傲，从2017年国际宣传活动中可见一斑，他们的口号是"城市群中的城市——鲁尔大都市"。尽管如此，这里的人们、这里的城市仍然保持谦虚，甚至有时会对未来感到不确定…… ■

在哥本哈根，欧瑞斯塔电厂用天然气代替煤发电
摄影：PAUL LECROART/L'INSTITUT PARIS REGION

哥本哈根—马尔默：从危机到可持续增长？

20 世纪 90 年代，
位于隔开丹麦和瑞典的厄勒海峡两岸的两座城市，
哥本哈根和马尔默都面临危机：
哥本哈根破产，马尔默的工业基础在崩溃。
25 年以后，
两个城市的局面都得到扭转，围绕高质量导向的规划，
以及灵活的跨境合作所支撑的绿色经济得到重塑。
它们有多成功？
从它们彼此关联的发展轨迹中，我们能学到什么？

****

保罗·洛克哈德，巴黎大区研究院高级城市规划师

20世纪八九十年代，哥本哈根面临着社会和经济衰退：失业率飙升、存量住房和人口老化。年轻的家庭和公司纷纷离开首都前往郊区，城市财政能力大大下降。

1989年柏林墙的倒塌使丹麦向波罗的海敞开了大门，为这座城市提供了最初的推动力。其中一份题为"我们的首都，我们希望它做些什么？"的报告（Hoved Stade, Hvad vil vi med den？）提出了一项城市/国家协议，是关于1991年至1993年之间批准的重大项目及政策：包括丹麦和瑞典（马尔默）之间的交通联系、机场扩建、新建地铁，其资金来源是欧瑞斯塔一个大型城市发展项目的土地价值收益，该项目位于市中心到机场之间，占地310公顷。为了提升在欧洲舞台上的地位，哥本哈根与马尔默联合，包括其所在地区组成了厄勒海峡委员会。

2007年起，哥本哈根引入新的资源，回应了各界对其城市更新模式过于注重国际投资的批评，提出了更注重品质的城市建设：收回公共空间（阿马尔海滩、超级广场），复兴贫困地区（诺雷布勒）和改造港口（南港、北港）。港口开发公司随后与欧瑞斯塔的项目合作,成立了（城市和港口）By&Havn项目开发公司，这是一家私有属性的城市与国家联合公司，任务是开发城市和港口的土地。公共项目的重点是城市空间混合用途的设计，但其中75%的住房仍然仅有富裕家庭能够负担。

市政府和国家在可再生能源战略和利用废料制热方面进行合作，以期成为欧洲绿色经济的领头羊。2014年，哥本哈根被评为欧洲绿色之都，与2005年相比，全市碳排量减少了20%。2015年，哥本哈根宣布将于2025年实现"零碳"目标：营销的背后隐藏着相当大的政治决心。自1990年以来，哥本哈根经历了惊人的重生，在火车、地铁和自行车主导的一流交通系统的支持下，同时实现了有吸引力的经济、增长的人口和高品质的城市环境。调查显示[1]，1990年至2010年间，首都地区居民人均生产总值增长了25%，全市温室气体排放量下降了40%。

但是对于丹麦这个国家来说，不是所有的事情都进展顺利。2007年，首都地区委员会关闭，以及区域规划[2]的再中心化，削弱了大哥本哈根地区34个市镇之间的横向协调。筹集新建轨道所需的资金导致市中心的密度过高，并且私营部门参与城市开发加剧了首都地区的社会隔离。裂痕开始出现，一方面是高密度、越来越优质的步行和自行车友好的城市中心，一方面是郊区的卧城居住着有孩子和小汽车的中产阶级家庭。到2030年，在大哥本哈根地区为20万新居民提供住房的政策引发了许多争论，例如，关于是否需要修建新的过境高速公路，以及是否计划将城市向海洋延伸。

马尔默复兴

在厄勒海峡的另一边，瑞典第三大城市马尔默在1990年至1993年期间，工业部门减少了近30000个工作岗位。1995年，走投无路的马尔默制定了马尔默2015愿景规划（Vision Malmö 2015），该规划以马尔默—哥本哈根大桥项目为整体复兴战略奠定基础。规划提出把工人阶级城市转化为"知识型城市"和"可持续城市"，这一愿望基于建设一座新大学以及将西港（Västra Hamnen）140公顷的土地打造为城市和生

> 哥本哈根可能无法在2025年实现"零碳"目标，但通过这个过程收获颇多

态创新实验室。通过政府部门、城市公用事业公司和私人开发商之间的协同，一个几乎100%能源自给的新区拔地而起，其成果在BO01欧洲国际展览会上得以向公众展示，这个项目的财务并不成功，但是它标志性的成功让马尔默登上了"可持续城市"的版图，增强了发展信心。在此基础上，马尔默启动了一项高质量的城市复兴战略，在港口和大规模社会住宅区（奥古斯滕堡、罗森加路）实施，并遵从生态、经济和社会可持续性原则。与哥本哈根一样，规划方案与交通项目一体实施（铁路隧道、中央车站、自行车道系统）。

2009年，马尔默通过了一项目标远大的计划，旨在成为"2020年世界上最具可持续性的城市"，其中一项目标是实现能源消耗100%的可再生。这一目标不会实现，但马尔默已经成功地完成了后工业转型的第一阶段，成为一个创新服务型城市，以及生态工业和绿色屋顶领域的领导者。从1995年到2012年，马尔默的就业数增长了34%，人口增长了20%，预计到2040年将新增10万居民。

但社会差距正在扩大，主要原因是新移民面对的住房成本和融入问题，特别是难民。为了应对2010年的骚乱，马尔默成立了独立委员会负责起草可持续社会发展战略。《迈向可持续未来的马尔默之路》（*Malmö's Path Towards a Sustainable Future*）于2013年获得批准，规划提出72项详实的举措，用心改善城市居民的健康、福利和公正。这些创新方法可能对许多其他城市有所启发。

哥本哈根 + 马尔默 = 灵活合作

1999年通车的厄勒海峡大桥和隧道使得从马尔默到哥本哈根只需要半小时车程，通过加强两座城市的联系和战略地位，改变了两座城市的关系。如今他们的合作形式根据主题不同而有所不同。2001年以来，哥本哈根和马尔默的港口由同一个运营机构合并管理。市长们每个月都会召开会议，共同推进项目，例如厄勒海峡地铁。2016年，大哥本哈根委员会（450万居民、85个城市、3个地区）取代了厄勒海峡委员会，以促进灵活的经济合作为目标，并特别关注"绿色增长"主题。

向大哥本哈根学习

在一代人的时间里，哥本哈根和马尔默已经转变成为生活质量、生态城市化和"绿色增长"的全球榜样。这种变化是由几个因素驱动的，包括有远见的市长和部长的领导；一种共识文化，即摒弃意识形态差异，通过区域联盟获取更高的利益；一种对话文化，即围绕共同目标动员公共服务、私营部门和居民；一种能够发现变革的驱动因素，并在方法和设计方面进行创新的能力；对城市复兴措施的公共管理（土地、规划、人力资源、水、废物和能源公用事业等）；以及最重要的，关注自然和共同利益。

只有时间才能证明，这两个城市的综合城市复兴"模式"在向前发展的过程中，尤其是在环境和社会方面是否足够韧性。[3] ■

延伸阅读
COPENHAGEN GREEN ECONOMY LEADER REPORT
London School of Economics，2014.
MALMÖ'S PATH TOWARDS A SUSTAINABLE FUTURE. HEALTH，WELFARE AND JUSTICE
Commission for a Socially Sustainable Malmö，2013.

1. *Copenhagen Green Economy Leader Report*，*London School of Economics*，2014.
2. Cf. article on the Finger Plan，*pp. 109 of this Cahiers n°176.*
3. Cf. *Les Cahiers de l'Iaurif n°146. Large-Scale Development Projects in Europe. Drivers of change in City-Regions*，June 2007.

清溪川，象征着从以汽车为中心的城市向以人
为本的大都市转变的河流修复

从坚硬到柔软：首尔的改头换面

21 世纪初到现在，
首尔的城市发展模式发生了转变，
从一个坚硬的、功能性的、以增长为导向的城市，
转变为一个更缓慢、更加可持续和以人为本的城市发展模式。
将道路基础设施重新作为公共空间发挥了重要作用。
整个城市和大都市区能否转向更绿色的增长模式，
并为市民提供更加健康的生活条件？

****

金喜锡（Hee-seok Kim），首尔大学环境规划研究所访问学者首尔如今是韩国最大的城市，居住着980万人（2016年数据）。首都地区，包括首尔市及周边地区，总人口达到2540万，占全国总人口的一半。首尔的城市规划受到全球规划范式转变的影响，但更重要的是受韩国的经济增长和民主过程左右。

坚硬城市（1950—1980年）

首尔的大部分基础设施是在1953年朝鲜战争结束到1988年汉城奥运会之间建成的，多数建于专制时期。通过吸收和开发周边地区，以及将棚户区更新为高层公寓，整个城市变得既开阔又高大。从1949年到1995年，首尔的行政管辖面积达到原来的2倍以上，人口增加超过7倍。广泛修建的林荫大道、高速公路、高架公路和地铁等交通基础设施，将旧中心和新开发地区连接起来。

清溪川一带体现了当时的城市规划思想。清溪川是首尔市中心的一条小溪，20世纪50年代，这里是朝鲜战争时期难民居住的贫民窟。20世纪六七十年代，这条小溪逐渐为地面和高架道路所覆盖，而贫民窟则被现代建筑所取代。新建的清溪川有充满活力的办公楼和熙熙攘攘的双层道路交通，成为城市工业化最突出的标志之一，穷人转移到外围，混凝土掩埋了自然环境。在苛刻的政治环境下，以速成为目的的粗暴规划盛行，而较低的国家收入、裙带资本主义和朝鲜战争后盛行的功能主义城市化的国际趋势又加剧了这种情况。首尔呈现出前所未有的增长，现代基础设施和住房存量不断增加，但仅仅是"灰色巨人"，缺乏绿色和文化城市的快速现代化，城市的快速现代化仅用一代人就实现了，而代价是棚户区居民的搬迁、文化遗产的损毁和环境破坏。经济增长使举办大型体育赛事成为可能，进而推动政府投资建设更先进的基础设施，帮助解决一些明显的问题。

首尔正在成为更加以人为本和自行车友好的城市：松井洞地区

因此，20 世纪 80 年代末，首尔建设了一系列大型公园，以更好的姿态向世界展示这座城市。

过渡时期（20 世纪 90 年代）

20 世纪 90 年代，韩国进入了经济和政治的成熟阶段。1995 年，韩国成为世界第 11 大经济体。1993 年，在经历了 30 年军人总统执政后，产生了第一位文职总统。同年，全国各地举行了市长选举。地方选举是韩国恢复民主体制的最后一个重要步骤，也从此向更加重视品质和公众参与的民主城市规划过渡。民选市长更加关注市民的意愿，更果断地投资可能突出政绩的基础设施，这有利于连任或者升迁，就首尔市长而言，还有可能当选为韩国总统。[1]

20 世纪 90 年代，过去几十年经济和物质的快速增长停滞了，随之而来的是一系列城市和经济灾难的发生。90 年代中期，首尔市内的一座大桥和一家百货商店因施工质量差、维修不善、企业贪心等原因倒塌，造成数百人死亡。1996 年，在韩国加入经济合作与发展组织（OECD）一年后，因外债扩张的韩国企业遭受了亚洲金融危机的打击，经济快速增长宣告结束。两起事件都被认为是盲目追求数量增长而忽视质量和整体性的结果。

柔软城市（21 世纪初至今）

前一个时代的成就和失败，使得 21 世纪初至今成为韩国和首尔经济增长变缓但更加稳定的时代。90 年代以前的许多现代主义基础设施已经劣化和老化。如何处理旧的基础设施成为首尔面临的重要挑战之一。李明博当选首尔市长时期（2002—2006 年）是转折点。2005 年，他通过清

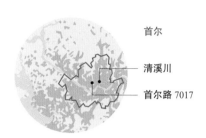

首尔
清溪川
首尔路 7017

溪川重建，成功地将城市发展模式从经济增长转变为关注人与生态。

世纪之交清溪川高速公路地区不再是现代化的象征，而是令人不快的过时空间。清溪川重建工程拆除了河川上已经老化的高架道路，减少了地面道路，为恢复的河川和河边公园腾出空间。该项目是首尔第一个将汽车占用的空间归还给行人的大规模道路瘦身项目。它的成功为吴世勋市长的光华门广场[2]（2006—2011 年）和朴元淳市长（2011—2020 年）的首尔路 7017 等后续道路瘦身项目奠定了基础，削弱了主要来自司机和地方企业家的反对意见。

首尔路 7017（1970 年建造的首尔道路在 2017 年重建为步行道）是首尔最新的大规模道路瘦身项目。连接首尔站东西侧的高架路于 1970 年竣工，但其环境很快恶化并于 2006 年变得岌岌可危。朴市长没有修复或拆除高架道路，而是决定通过国际竞赛的方式将其改造成适合步行的空间。2017 年，MVRDV 建筑规划事务所的威尼·马斯（Winy Meas）将原高架路改造成 1024 米长的植物走廊。其横跨中央车站上方及几条宽阔的独特位置提供了深入首尔市中心的全景平台。该结构以最少的改动进行了翻修重建，展示了首尔的过去和未来。该项目的灵感来自纽约和巴黎等海外大都市的先例，在那里"退役"的基础设施得到更新。与前任市长的地标项目通过

拆除旧建筑为新建筑腾出空间不同，作为工业时代的遗迹，首尔车站高架路没有被随意抛弃，而是通过发掘其当代价值获得再生。朴市长的另一个项目麻浦文化站也采用了同样的原则，该项目利用一处 1978 年建成的废弃油库创造了文化空间。

更幸福、更清洁的城市

1990 年以来，首尔市政府一直通过编制十年期的总体规划管理这座城市。最新一期的《首尔总体规划 2030》将市民的幸福放在首位。总体规划的指导原则体现在口号中——"在幸福市民的城市中，沟通和关怀很重要"。口号是公民广泛参与的产物。与之前的首尔总体规划相比，民主决策被设定为规划的首要任务，以适应以人为本规划的社会需求。由 100 名普通首尔市民组成的代表团与专家和市政官员一起规划首尔的未来。代表团选择了该市重点关注的 7 个重要领域：教育；福利；就业；交通；历史、文化和城市景观；气候变化和环境；城市更新。

在《首尔总体规划 2030》之前，城市的环境政策主要集中在扩大绿地和减少污染等内部事务上。相比之下，由于气候变化和能源被视为城市之外的外部因素，它们与城市规划几乎没有关系。这两个问题在《首尔总体规划 2030》中被首次强调。城市能源战略迈出了一大步，呼吁不仅要节约能源，还要在城市内部生产可再生能源。"少建一个核电站"就代表了努力的方向。该政策于 2012 年启动，目的是保护地球并在福岛核灾难后分担能源生产地区的负担。具体是通过生产可再生能源，提高能源效率和节约能源，将首尔的能源消耗减少一个核电站的水平。在政策施行后的五年内，特别是 2014 年之后，首尔成功地降低了人均能源消费增长速度，降幅超过韩国其他六个大城市。

结论

首尔市民见证了这座城市从数量到质量、从集体增长到个人幸福、从自上而下的指导到民主决策的城市范式转变的成功。然而，以民主决策为基础的品质生活和幸福追求只是最近才开始的，享受成果的时间还远未确定。在以财富和韩流为装饰的国家光鲜外表背后，两极分化、低出生率和高自杀率等社会弊病是包括首尔

首尔路 7017 项目：高架道路作为步行的"空中花园"，通往中央车站

在内的韩国各地都存在的问题。如今，这座城市拥有数十条城市轨道线路和众多的林荫大道，市政府可以集中资源提高市民的生活质量。虽然单凭城市政府无法改革整个社会，但地方规划可以增加人们的幸福感。■

延伸阅读

SÉOUL：CHEONGGYECHEON EXPRESSWAY LA VILLE APRÈS L'AUTOROUTE：ÉTUDE DE CAS
Lᴇᴄʀᴏᴀʀᴛ Paul，IAU îdF，2014.
THE ROLE OF GOVERNANCE IN THE URBAN TRANSFORMATION OF SEOUL. BEST PRACTICES
Yi Chan，JUNG Yoon-Joo，Seoul Institute，2017.
WEBSITE OF SEOUL METROPOLITAN GOVERNMENT：
http：//english.seoul.go.kr

1. 李明博继成功担任首尔市长后，于2008年成为韩国总统。
2. 光华门广场将韩国最宽的世宗大路的部分车道改造成地下常设展览的步行街区。

新加坡：改变的神话和现实

城市国家新加坡是经济转型的成功象征，
作为当今世界可持续城市发展的展示窗口，
在国际上也崭露头角，体现在"花园中的城市"战略中。
除了充满绿色的未来派塔楼形象之外，
真实的新加坡是什么，
以及我们可以从中学到什么？

****

保罗·洛克哈德，巴黎大区研究院高级城市规划师

从滨海湾项目看新加坡金融区天际线
摄影：PAUL LECROART/L'INSTITUT PARIS REGION

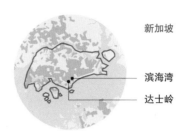

新加坡

滨海湾

达士岭

自1965 年从马来西亚独立以来，新加坡的故事就像一个白手起家的传奇：这是一个年轻的岛国，没有资源，饱受贫困、贫民窟和种族冲突的困扰。而在半个世纪之后，它成为世界上最富裕的国家之一，是主要的国际港口、全球金融中心，被誉为亚洲最宜居的城市。[1]

新加坡率先推出将外国资本、技术和专业知识转化为当地发展引擎的策略。为了弥补国土空间的不足，19 世纪 60 年代以来，新加坡制定了包括经济、住房、交通和城市规划在内的综合规划。此后 20 年，新加坡致力于将这种生产主义模式转变为一个更加注重品质（密集但绿色的城市）和更加循环（例如创新水资源管理）的系统，同时提升全球吸引力。这个占地 720 平方公里，拥有 580 万人口的城市国家是一个关于城市和生态的实验室，目标是实现这片岛屿领土的自给自足。同时我们也不能忽视它是位于马来西亚南部（柔佛）和印度尼西亚北部（巴淡岛）的一个拥有 900 万人口的大都市区的中心，这两个地区为新加坡的发展提供了资源和廉价劳动力。

综合规划

可以说新加坡的城市规划很大程度取决于住房政策和经济发展战略，这是因为大规模建设住房和创造就业在 20 世纪 60 年代是两个绝对优先事项。新加坡每 10 年修订一次概念规划（Concept Plan），定义未来 40 ~ 50 年的城市空间规划愿景。独立以来的第一版概念规划（1971 年）是将国土空间组织成环形，岛屿边缘形成密集的新城镇，从而保护内陆的自然资源；2011 版的概念规划重点是日益增长的城市密度和绿化。

总体规划（Master Plan）是城市未来10 ~ 15 年的发展规划。它由政府机构新加坡市区重建局（URA）编制，且每五年修订一次。由于大部分土地为国有，规划条款既可以通过地方发展规划，又可以通过 99 年租约约束私人开发商。2014 版总体规划提出"包容、宜居和有吸引力的城市"概念，把重点放在"绿色密度"、社区身份认同和公共空间方面，后者近几十年来很少受到关注。尽管拥有高效的公共交通网络和交通管制政策（拥堵费），新加坡的公共空间仍然以汽车为导向：城市的功能主义设计忽略了地面层的开发、行人和骑行者。

1965 年至 2017 年，新加坡的人口密度由 4855 人 / 平方公里上升至 7996 人 / 平方公里，与此同时，通过港口填充和人工岛建设，新加坡的国土面积从 527 平方公里增加到 720 平方公里，增长幅度超过 30%。根据总体规划的官方预测，至 2030 年总人口将达到 650 万 ~ 690 万；而非官方的预测是达到 900 万甚至更多，这将使新加坡成为世界上人口最稠密的地区之一，即使将 4000 公顷的新造土地计算进来，新加坡的人口密度仍然达到每平方公里 12000 人。城市密度的提升和超高层建筑的建设是如今的热门话题。

20 世纪 80 年代开始建设的新加坡超级工程滨海湾：通过填海造地取得了滨水区 360 公顷的土地，其开发组合了投资商喜爱的标志性产品，包括豪华酒店、购物中心、住宅和办公大楼、博物馆、会议中心等。尚有超过 100 万平方米和 9000 套住房有待建设。

新加坡：一个文化、宗教和城市肌理大熔炉。背景：达士岭，一个大型的公寓项目

一个适合所有人的城市？

市区重建局（URA）和建屋发展局（HDB）负责主要城市街区的设计和开发。这造成了一种建筑单调的感觉，最近由建屋发展局主导的规划试图通过丰富在建住房形式和类型弥补此缺陷。新加坡是少数房价随平均收入同步变化的有吸引力的城市之一。82% 的居民居住在建屋发展局建造的国有房屋中。大多数人（95%）拥有99 年的居住权（通过国家补贴贷款）；低收入居民可以租房居住。建屋发展局保留土地所有权，维护公共区域，制定居住政策。政府制定了配额制度，以确保各街区层面的种族多样性。根据迈克·寇[2]的说法："马来族人口占新加坡总人口的15%，而建屋发展局在每组住宅中授权不超过 18% 的马来族人"。富裕的外国居民可以进入自由市场，尽管有反投机税，但房屋价格往往超过 100 万新加坡元。近年来，建屋发展局将达士岭等高端高层公寓投放市场，在住房领域增加了紧张气氛。

战略性的水

由于长期依赖马来西亚的供水，在 20 世纪 90 年代，新加坡基于"闭环水循环"，即不失一滴水的理念，实施了一项创新的水资源管理策略。如今，新加坡的水共有四种来源，可以保证到 2061 年之前都可以低成本获取：水库收集雨水、再生水（使用膜技术净化的工业用水）、本地海水淡化和柔佛进口的水。这一战略得益于一系列的创新，以及改变大地景观的公共和私人投资：在岛中心建立的水库公园已成为户外休闲区，2008 年的滨海大堤项目将新加坡旧港改造成一个淡水水库。

新加坡痴迷于清洁、绿化和优化空间，以弥补其人口密度。在对两个高度污染的河流流域进行净化后，城市于 2006 年启动了"活跃、美丽和清洁"（ABC）水域计划，该计划涉及两个机构的合作，即国家公园委员会（NParks）和公共事业委员会（PUB），以及各种非政府组织，目的是通过种植技术恢复河道。

绿色城市化？

绿化是一个涉及城市发展社会接受程度的政治问题。新加坡可持续发展蓝图（2014 年）（The Sustainable Singapore Blueprint）

是一个可持续发展项目，聚焦于建设 400 公里的城市绿道，将公园之间联系起来（到 2030 年增加 32%），以及恢复 100 公里的地下河；不过，将绿地比重提高到每 1000 名居民拥有 0.8 公顷绿地的目标可能无法实现。新加坡提出"花园中的城市"概念，有力地改变其全球形象，拉动了技术创新和未来主义精神的创造。凭借巨大的太阳能树和生物质能发电厂，南湾公园（2012 年建造，占地 54 公顷）成为生产可再生能源的旅游胜地。在滨海湾，一个 350 公顷的人工岛向公众开放，供公众休闲活动和观鸟，新加坡直到 2035 年的垃圾焚烧残渣将存放在这里。

新加坡绿色增长模式依赖于化石能源……

得益于热带气候，新加坡是屋顶和露台绿化的先驱，种植面积达 72 公顷绿色建筑总体规划（Green Building Masterplan）提出的目标是到 2030 年建设 200 公顷，主要位于公众无法进入的摩天大楼上。较早的研究表明，植被可以降低建筑物的温度和能源需求（用于空调），但其对生物多样性、空气质量和二氧化碳排放的影响微弱，甚至没有。

新加坡的国土空间 50 年来经历了深刻的社会、经济和城市变革。发展模式的韧性使其经受住了多次危机：包括 20 世纪 60 年代的骚乱、多次金融危机（1997 年、2001 年、2008 年）以及 2003 年的健康危机。

新加坡致力于走更加可持续的环境发展之路得到了有效管理和展示，几个重要的创新性公私合营项目都可以说明这一点。然而，新加坡是亚洲人均碳足迹最大的城市之一[3]，99% 的能源来自不可再生的天然气，并且排放二氧化碳。如果保持目前的增长速度，新加坡生物多样性受到的侵蚀将更为严重。

新加坡的挑战之一还包括社会韧性，要考虑到在族群（华人、马来人、印度人和其他民族）以及公民（永久居民和该市 160 万非居民）之间保持微妙的平衡。当前的战略基于外国投资在高端房地产、旅游和赌场等领域的增长，但这可能威胁到已经很脆弱的社会凝聚力和生活质量。2018 年的乐施会[4] 排名中，新加坡在 157 个国家的社会不平等指数中排名第 149 位。

新加坡的经验表明，经过深思熟虑的城市化可以提供相当宜人的生活环境，将中心性与交通和自然的可达性结合起来。提高城市密度与一些尝试相结合，取得了部分成功，包括绿化、减少汽车使用，直到现在还维持着城市中社会和种族的多样性。新加坡正在向中国、印度和非洲输出这种模式，这种模式依赖于高水平的公共规则、社会和政治方面的管理。■

延伸阅读

L'URBANITÉ SINGAPOURIENNE AU DÉFI DE LA GLOBALISATION,
Bocquet Denis, *Métropoles*, 17, 2015.

SINGAPOUR VILLE DURABLE ? INNOVATIONS ET LIMITES D'UNE POLITIQUE ENVIRONNEMENTALE ET URBAINE
Bocquet Denis, École des Ponts, Green Cities, 2013.

PLANNING COMMUNITIES，LESSONS FROM SEOUL AND SINGAPORE
Centre for Liveable Cities Singapore，Seoul Institute, 2017.

10 PRINCIPLES FOR LIVEABLE HIGH-DENSITY CITIES. LESSONS FROM SINGAPORE
Centre for Liveable Cities Singapore，Urban Land Institute, 2013.

---

1. 根据 2018 年美世生活质量调查报告。
2. Michael Koh，新加坡宜居城市中心顾问，2018 年 5 月采访。
3. 根据生态足迹计算器（世界自然基金会 2014），如果我们都像新加坡人一样生活，将需要 4.2 个行星。
4. 致力于减少不平等指数，乐施会 2018。

麦德林：社会城市化的根基

20 世纪 90 年代之前，
这座城市一直是毒品走私和城市暴力的"圣地"，
如今，麦德林因城市和社会转型而受到赞誉，
在城市缆车、自动扶梯和图书馆公园等媒体广泛报道的项目中都有体现。
但是这些文化、社会和参与转变的根基是什么？
富有战略眼光的市长是怎样行动起来的？
如今它的发展情况如何呢？

****

路易斯·费尔南多·冈萨雷斯·埃斯科巴（Luis Fernando González Escobar），
哥伦比亚国立大学建筑系副教授、建筑师

自 2012 年被《华尔街日报》评为"年度最具创新力城市"以来，全球媒体一直为"麦德林奇迹"而兴奋不已。由于媒体的报道，大部分关于麦德林变革的故事都是用时态讲述的。然而，如果我们要完全理解它，就必须了解此前的环境，以及能够克服障碍使得城市转变成为可能的因素。20 世纪 90 年代，社区论坛、综合项目和战略规划兴起的风潮是现在得到世界认可的项目和设施的孵化器。

1997 年战略规划是推动社会变革的关键因素

连年的危机

20 世纪 80 年代，麦德林和哥伦比亚都处在一个复杂的时期，许多因素共同影响了城市的发展动力。1978—1984 年间，哥伦比亚经历了史上最严重的经济危机之一，有效的基础设施开始衰退。在这样的环境下，麦德林是极其脆弱的。麦德林的主要产业是纺织业，并且过度依赖于这个行业，城市与这些产业同时崩溃，对正规就业造成了负面影响。尽管 20 世纪 80 年代人口变化比较平缓，但麦德林仍然难以消化过去几十年的人口增长，这是由于内战（La Violencia）造成的大规模农村人口外流，这场战争在 1946—1962 年间造成至少 20 万人死亡。1951—1985 年，麦德林人口增加了 4 倍，从 35 万增加到近 150 万（现在为 250 万，大都市区范围 380 万）。尽管地方政府和国家做了很多努力，新移民还是非法或非正式地定居于此，在山坡上布满了"海盗式"社区。贫民窟（El tugurio）成了城市中一种常见的现象。应对经济问题的优先级高于规划，因为规划无法应对逼近的危机。

麦德林处于加勒比海和太平洋之间的地缘战略核心位置，是通往中美和北美的通道。走私在这个地区颇有传统，司空见惯的路线使毒品贩运形成了大规模的非法市场。它的壮大进一步受到去工业化、失

城市的变化正在建立年轻人的信心。摩拉维亚文化中心前的舞者

业、非正规经济和非正规城市化的推动。这个产业靠年轻一代的城市居民、农村移民的后代支撑，他们都是社会的边缘人。毒品贩运作为一种经济活动的选项出现，或者可以说是一种社会晋升的机会和获得权力的途径。因此，麦德林成为以可卡因为主的非法毒品市场核心，很早就实现了全球化。

麦德林曾经是一个"与毒品作战的城市"，之后却成了"贩毒中心"，臭名昭著的巴勃罗·埃斯科瓦尔（Pablo Escobar）是关键。除了哥伦比亚政府（和美国结盟）与毒贩之间的冲突，贩毒集团和城市政治游击之间的斗争也导致暴力螺旋式上升。1991年，麦德林成为世界上最危险的城市，每10万居民中有365起凶杀案。

即使在埃斯科瓦尔于1993年12月去世之后，城市社会和文化仍然受到毒品贩运和犯罪的影响。然而，正是在这个最关键的时刻，彼时人们口中的"另一种未来"开始出现。

战略规划

1995—1997年，麦德林起草了《麦德林及大都市区战略规划2015》（*Strategic Plan for Medellín and its Metropolitan Area for 2015*）。制定过程中触发的流程和动态使该规划成为一项最基础的规划依据文件。

这座城市的公共机构、社会组织、私营部门和大学前所未有地共同参与编制这项规划。中央政府于1990年创建的"麦德林及其大都市区总统委员会"将主要参与者聚集在一起，发起了名为"另一种未来研讨会"的论坛。1991—1995年期间，这项工作促成了起草参与性的社区提案，提案内容从"社区论坛"当中收集而来。

几条城市缆车线路服务于山坡上的社区，如城市西部的 Juan XXIII 缆车索道站

这项战略规划吸收了来自私营部门的建议，他们在 1996 年发起了安蒂奥基亚 21 世纪倡议（Antioquia 21 initiative in 1996）（以麦德林地区命名），但规划的驱动力来自它的社会和社区导向，以及参与性的维度。1991 年哥伦比亚新宪法为这种参与性的推动力提供了基础，该宪法被设计为一项社会契约，承认哥伦比亚社会的所有组成部分，并增加了市长的权力。

《地方发展计划》（Local Development Plans）进一步推动了这一趋势。无论是街区尺度还是城市中一个很大的板块，社会和文化行动者的参与在提高对地区、人口和问题理解方面都起着决定性的作用。在 1992 年设立的智库中参与者讨论了教育、就业、交通、文化、青年、妇女地位、环境和地方问题，这些都是"战略规划"的主题。例如，他们提出了"学习型城市"的概念，10 年后，市长塞尔吉奥·法哈多采用了这一概念，如今它的影响力已经远远超出麦德林。

遭受歧视的群体开始积极参与开创性的项目，如 1992 年启动的"麦德林贫民窟综合改造计划"（PRIMED），该项目识别并接管了城市贫民窟。通过创建"市民生活节点"，标志着地方政府在这些街区的回归。

今天

虽然其他因素也发挥了作用，但"战略规划"确定的行动路线和重要项目自 1998 年以来通过各项地方规划得到了实施。它们的名字可能被修改，服务于政治或城市营销策略；它们的建筑美学可能被夸大，但都为城市的转型作出了贡献。

贫穷和不平等并没有从麦德林消失，事实上它们仍然是决定因素。在所有壮观的建筑物背后，是熟悉和有技术能力在各种不同的利益相关人之间协商和对话。这种能力正在逐渐减弱，但如果麦德林希望继续走向"社会城市化"，沿着这一得到世界认可的概念前进，还需要进一步推动源化。∎

延伸阅读

COLOMBIA: ESTRUCTURA INDUSTRIAL E INTERNACIONALIZACIÓN 1967-1996
Garay S. Luis Jorge（Director），Santa Fe de Bogotá, Departamento Nacional de Planeación, 1998.

"LA REINVENCIÓN DE MEDELLÍN", IN LECTURAS DE ECONOMÍA
Sánchez Andrés, Medellín, n°78, January-June 2013.

LAS URBANIZACIONES PIRATAS EN MEDELLÍN: EL CASO DE LA FAMILIA COCK
Coupé Françoise, CEHaP, Universidad Nacional de Colombia, Medellín, 1993.

COCAÍNA & CO. UN MERCADO ILEGAL POR DENTRO
Krauthausen Ciro and Sarmiento Luis Fernando, Santa Fe de Bogotá, IEPRI, Universidad Nacional de Colombiay Tercer Mundo Ed., 1991.

对话："社会和城市项目改变了麦德林的面貌"

访谈对象：
西梅娜·科瓦莱达（Ximena Covaleda B.）
哥伦比亚国立大学麦德林校区建筑师、巴塞罗那建筑学院硕士
摄影：西梅娜·科瓦莱达

问：麦德林在过去的 20 年里发生了巨大的变化，从一个遭受暴力和城市贫民窟困扰的城市转变为一个屡获殊荣的社会和有教育意义的城市化模式。在您看来，这是怎么开始的？

答：麦德林的转型始于 20 世纪 90 年代的社会和城市项目 PRIMED，即麦德林贫民窟综合改造项目。公共服务领域的众多行动包括如游乐场这样的小型项目，这些行动在每周的电视节目 Arriba

改变的区域和项目位置

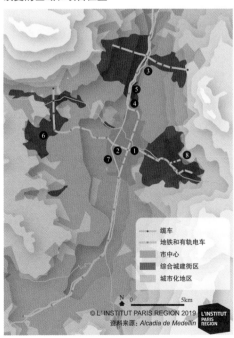

© L'INSTITUT PARIS REGION 2019
资料来源：Alcadia de Medellin

mi Barrio 中公开播出，展示了人群和社区存在的问题，以及改变是如何发生的。1994 年，改变从市中心最南部的"圣安东尼奥广场"❶开始。到 90 年代末，麦德林市政公用事业公司（EPM）在其总部附近开发了"赤足公园"❷。作为富有价值的新兴公共空间，"赤足公园"成为著名的休息和集聚场所。这两个地方是城市所有后续项目的背景。

问：麦德林的转型依赖于富有远见和战略眼光的市长们。您能告诉我们更多关于他们率先在贫困社区实施的一些主要项目吗？

作为 21 世纪麦德林首任市长（2001—2003 年），路易斯·佩雷斯·古铁雷斯（Luis Pérez Gutierrez）最早在城市东北部一个破败的街区发起了城市和社会革命，通过修建一条缆车线，将该地区的居民与地铁系统连接起来。

市长塞尔吉奥·法哈多（Sergio Fajardo，2004—2007 年）提出了一项改善最贫困的城市外围街区的策略。例如，胡安波波❸小溪是一个先锋项目，由环境提升和社会住房项目取代了贫民窟。几个落后的街区都受益于一个"综合城建项目"（PUI）计划，该计划结合了公共图书馆、小型企业当地发展中心（Cedezo）和当地公共空间。同时，一项包含 10 项新设施的"学校质量提升计划"也得到了发展。将位于城市东北部的一大片废弃地连同附近的安蒂奥基亚大学主校区和植物园改造成知识密集型区域，包括新建的科学博物馆和展览厅：探索公园❹。该地区向南与市中心和卡拉沃博步行街相连，向北与摩拉维亚相连。后者是一个人口稠密的

社区，在 2009 年迎来了摩拉维亚文化中心 ❺ 开幕，这栋建筑是由建筑师罗杰里奥·萨尔莫纳（Rogelio Salmona）设计的。

问：随着人们对基础设施能力的信心不断增强，市长们似乎将行动范围扩大到了城市其他地区的交通、设施、公共空间和绿化项目？

在市长阿朗佐·萨拉查（Alonso Salazar，2008—2011 年）的治理下，2010 年南美运动会在麦德林举行，为此，城市提升了体育设施区域。其他重大成就包括"好开端"（Buen Comienzo）项目、在郊区社区建造托儿所和新的交通战略。后者是通过多式联运的城市公共交通系统实施的，包括缆车、地铁、有轨电车系统和公共汽车系统。麦德林西北 13 号街区 ❻ 出现了自动扶梯项目的建设。

市长阿尼巴尔·加维里亚（Anibal Gaviria，2012—2015 年）开发了所谓的相连接的生活单元（Uvas）。该计划在麦德林的许多行政区实施，麦德林公共事业公司（EPM）参与式设计改造了城市周围大量的水箱及周边空间，配备城市家具，将其成功转变为公共社区广场。另一个项目——河流公园 ❼ 开始在麦德林河沿岸实施，以连接城市的两个沿河地区。一旦沿河两侧的车行路隧道贯通，它的表面将（有望）变成一个线性公园。

最后，"大都市绿带"战略提出了遏制和控制山顶上的城市化：例如，在中部和东部的山丘上建设"圆形花园" ❽，并且和大都市绿带紧密相接。未来将告诉我们，是否所有这些项目会对麦德林的开发产生持久和结构性的影响。■

卡里姆·本·梅里姆（Karim Ben Meriem）和保罗·洛克哈德的采访。

延伸阅读

HERMELIN Michel, ECHEVERRI Alejandro and GIRALDO Jorge, *Medellín: Environment Urbanism Society*, Fondo Editorial Universidad EAFIT, 2010.

FORMAN-BARZILAI Fonna, CRUZ Teddy, SANIN Francisco and FERRY Stephen, *Medellín. A living city*, RM + IF Cultura + Mesa Editores, 2014.

圣哈维尔区及其著名的城市间自动扶梯

插图：MAXIMILIAN GAWLIK/L'INSTITUT PARIS REGION

扫描城市

巴黎比伦敦的密度高吗？
纽约比新加坡富有吗？
莫斯科、德黑兰和多伦多的碳足迹如何比较？
在大都市化的背景下，城市越来越多地被衡量、评价、排序和比较。
以下重要参考的目标是将各种资料来源汇集在一起，
包括不同的主题、地图和统计数据，从而可以进行合理的比较。

****

玛克西米利安·高力克，景观建筑师和规划师
保罗·洛克哈德，巴黎大区研究院高级城市规划师

这项工作是综合了数据收集、分析和制图的一项全新工作，我们参考和比对了大量国际资料。综合实际，仅选取了18个城市：不仅包括本书中地位显著的大城市，还包括文章中提及项目所在的城市。为了更好地理解这些大都市区域的地理现状，有必要突破行政区划的框架，对不同尺度进行比较。研究方法、研究范围和资料来源详见第99页。

这些参考内容包括：

——地图，展示地理特征和城市化区域范围；
——行政（市级和地区级边界）；
——数据，与面积、人口和密度有关；
——一份晴雨表，对大都市的以下主题进行比较：现状和未来人口变化、国际定位（全球城市实力指数）、经济表现（人均 GDP）、收入差距（基尼系数）、交通设施质量（城市交通指数）、生活质量（美世指数）、碳足迹（国际碳足迹）。

重点观察

这些参考反映了人口变化的反差。约翰内斯堡、北京、伦敦和麦德林近年人口增长迅速，而首尔、纽约和东京的人口增长就慢得多。联合国预测 2020—2035 年间大都市的年均人口增长率为正，但低于 2005—2020 年期间，东京等一些城市的人口可能会出现下降。

考虑到边界的影响，城市密度各不相同。在香港和新加坡，高低起伏的地形本身掩盖了居住区的超高密度。首尔、东京、德黑兰、布宜诺斯艾利斯和巴黎的密度很高，但大巴黎和伦敦的密度相似，处于中等水平。

基准测评是一种测量和量化技术，基于集合或结构的统计比较，由许多因素组成。一些基准测评根据城市的国际地位对城市进行排序，例如，全球城市实力指数（Global Power City Index）将伦敦排在首位，接下来是纽约、东京、巴黎、新加坡、阿姆斯特丹、首尔、柏林和香港。在人均 GDP 指标方面，纽约领先于新加坡、巴黎、伦敦、香港、多伦多和东京。布鲁金斯学会[1] 提出，2012—2016年，亚洲（特别是中国）、中东和非洲城市在 300个最大城市经济体中的占比增长迅猛，与此同时，欧洲和北美的城市占比正在减少。

哥本哈根、鲁尔、维也纳和东京在这些样本城

市中是最平等的，而新加坡、麦德林和约翰内斯堡是社会不平等最突出的。在生活质量方面，维也纳、哥本哈根、多伦多、新加坡和巴黎在样本城市中排名最高。碳足迹的分析显示出，高收入城市和小汽车使用普遍的城市碳足迹更高。这些城市中，首尔、纽约、香港、新加坡、东京、约翰内斯堡、德黑兰、莫斯科、伦敦和北京的温室气体排放量都很大。这10个城市在一份13000个城市的研究中居于排放量最大的前20位。巴黎位于该项研究的第23位，在我们的样本城市中居第11位。

进一步探索

城市是"联系的节点，由资本、人口和信息流动构成"，[2] 继而连接世界的其他地方——城市模式的流动和城市政策的知识分享是整个实践的组成部分。除了这些简单的最佳实践收集以外，国际比较使研究这些城市采用的方法、政策和战略成为可能。

在国际层面，数据收集会产生一些可比性限制的问题，涉及数据来源的差异、可用性以及应用定义和尺度的不同。城市化地区的地理定义（一个连续的建成区）经常用于研究中[3]：本次工作，它与最近的行政管理范围密切相关。评估指标也需要说明，因为大多数城市不会出现在排行榜中。而且，单一的统计指标不足以阐明一个复杂问题，例如社会不平等（基尼系数）。[4] 一些排名可能受到资助方经济利益的影响。评估也是一种引导公共行动的工具。[5] 然而，它仍然是一种非常有效的方法，将不可测量变为可测量，以便进行比较。

最终，国际比较使"观察全球化互联世界的城市效应"成为可能，并可以"在当今城市动态中区分不同地域尺度下的相应影响……"。[6] 国际比较能够帮助我们突破简单分类（南北城市），观察异同点，拓展视野。■

1. Brookings，Global Metro Monitor 2018.
2. McCann，Eugene，*Urban policy mobilities and global circuits of knowledge: Toward a research agenda*, Annals of the Association of American Geographers，2011.
3. 基于实际支出的世界城市比较方法，详见：http://e-geopolis.org/.
4. Boulant, Justine *et al., Income levels and inequality in metropolitan areas: A comparative approach in OECD countries*, OECD Working Papers, 2016.
5. SSciences Po, École urbaine, Master Governing the Large Metropolis and APUR; *Benchmark: Paris parmi les grandes métropoles du monde*, 2015.
6. Authier Jean-Yves *et al., Introduction, D'une ville à l'autre. La comparaison internationale en sociologie urbaine*, Paris, La Découverte, March 2019, 335 p.

研究方法

地图基准

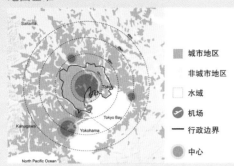

城市地区

非城市地区

水域

机场

行政边界

中心

资料来源：一款开源地图——Openstreetmap、欧盟委员会全球人居署（GHS）、美国环境系统研究所公司（ESRI）、美国地质勘探局（USGS）、美国国家海洋和大气管理局（NOAA）、官方国家和行政辖区界限等。

行政管理基准

1 大区、省、大型城市群，或重要的城市（例如北京）

2 城市（例如香港）、城市国家（例如新加坡），或中心区域（例如北京）

大都市晴雨表

人口变化

2018年超过30万居民的都市连绵区年平均人口增长率。观察期：2015—2035年。

资料来源：联合国经济和社会事务部人口司、世界城市展望（2018年修订版）的网络版。

人均GDP

按购买力平价（PPP）的人均GDP反映了大都市区内所有服务和最终商品的价值（除非另有说明）除以同一年的平均人口。作为经济财富的一个指标，它并不反映收入的分配和人民的福祉。

资料来源：布鲁金斯学会、全球大都市监测（2014），除德黑兰（世界银行，2014）和鲁尔（OECD统计，2012）。

基尼系数

该系数衡量一个大都市收入水平之间的不平等，除非另有说明。基尼系数为零，说明此地是完全平等的，即每个人都有相同的收入。

资料来源：OECD统计，大都市数据库（2016）；OECD，收入分配数据库（2018）；联合国人居署，全球城市繁荣行动（2016）；联合国人居署，世界城市报告表（2016）。

城市交通指数

"评价全球100个城市交通的成熟度、创新性和绩效水平。每个城市的交通评分从0到100；100分是指每条标准表现最好的样本城市"。这一指数的大多数标准都涉及都市连绵区（联合国世界城市展望中的定义）。

资料来源：Arthur D. Little与公共交通国际联会UITP合作、《交通3.0的未来研究》（The Future of Mobility 3.0 Study）（2018年3月出版）。

全球城市综合实力指数（GPCI）

该指数评估了44个全球城市在六个城市功能方面的多维指标：经济、研发、文化影响力、宜居性、环境和可达性。综合排名由各领域专项排名的总分综合而成。其目标是"对全球具有潜力和综合竞争力的城市的评价和排序"。

资料来源：日本森纪念财团（Mori Memorial Foundation）、全球城市综合实力指数2018。

生活质量

美世着眼于全球400多个城市的"定性感知的有形价值，以建立对生活质量的客观评估"。其总指数由以下类别组成：消费品、经济环境、住房、医疗和健康考虑、自然环境、政治和社会环境、公共服务和交通、娱乐、学校和教育、社会文化环境。

资料来源：美世咨询、美世生活质量排名（2018）。

碳足迹

基于"全球碳足迹网格模型"对13000个城市的碳足迹进行的全球一致和空间分解的估算。该模型考虑了人口的消费模式和购买力。城市的定义使用了"全球人类居住城市模型"（即连续城市化区域）的定义。尽管公布的数字允许我们比较碳足迹，但作者提醒我们"自上而下的全球模型的结果永远不会像本地或自下而上的详细评估那样精确"。

资料来源：13000个城市的碳足迹：Daniel Moran et al 2018 Environ Res. Lett（2018）；http://citycarbonfootprints.info.

重要数据来源一览 * ■ ☺ ☺ ⛰

PARIS INSEE 2016 to 2018 • TOKYO OECD.Stat (OECD) 2016; Tokyo Statistical Yearbook 2017 (numbers for 2016), Tokyo Metropolitan Government • NEW YORK RPA 2017; NYC Department of City Planning (numbers for 2018) • SEOUL OECD 2017—2018 • BEIJING Beijing Statistical Yearbook 2018 (numbers for 2017), Land Area and Utilisation 2009, Municipal Bureau of Statistics • MEXICO CITY Report Zonas Metropolitanas 2015, INEGI, Consejo Nacional de Población, SEDATU 2018; OECD 2017 • MOSCOW OECD 2015 • TEHRAN 2016 Census, Statistical Center of Iran; Atlas of Tehran; Masterplan 2007 (area); United Nations, World Urbanization Prospects: The 2018 Revision (UN WUP 2018) • BUENOS AIRES Observatorio Metropolitano based on INDEC data of 2010; UN WUP 2018; 2010 Census, INDEC • LONDON Eurostat 2015, 2017; GLA 2017 • JOHANNESBURG OECD 2014; Municipal Demarcation Board 2008 (area); UN WUP 2018 • HONG KONG Invest Hong Kong 2012 Report; GovHK 2019 (area); UN WUP 2018 • SINGAPORE various sources for regional area; Malaysian Census (2010), Indonesian Census (2017), UN WUP 2018 for Singapore ; Data.gov.sg (area) • TORONTO OECD 2017 • RUHR Atlas der Metropole Ruhr (area); Regionalstatistik Ruhr 2016 • COPENHAGEN Öresundsstatistik 2012 (numbers for 2016—2017); Denmark statistic 2019 • MEDELLÍN www.metropol.gov.co 2018 (area); UN WUP 2018; DANE 2018 • VIENNA Stadtregionen.at, Statistics Austria 2015; OECD 2017. For 2016 and after, population numbers are estimates.

For all figures numbers are rounded.

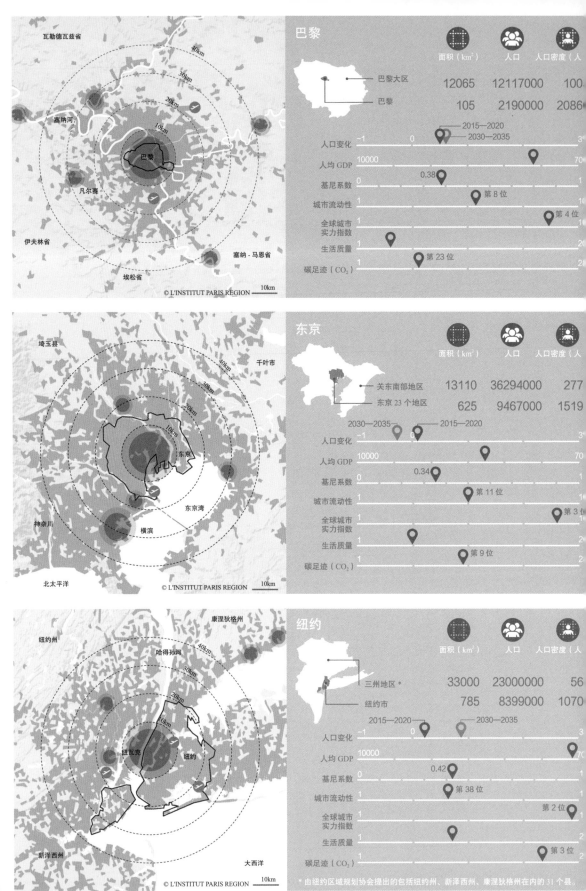

巴黎

	面积（km²）	人口	人口密度（人）
巴黎大区	12065	12117000	100
巴黎	105	2190000	2086

人口变化　2015—2020　2030—2035

人均GDP　10000 ——— 70

基尼系数　0 —— 0.38

城市流动性　第8位

全球城市实力指数　第4位

生活质量

碳足迹（CO₂）　第23位

© L'INSTITUT PARIS REGION　10km

瓦勒德瓦兹省 · 塞纳河 · 凡尔赛 · 伊夫林省 · 塞纳-马恩省 · 埃松省 · 巴黎 · 40km · 30km · 20km · 10km

东京

	面积（km²）	人口	人口密度（人）
关东南部地区	13110	36294000	277
东京23个地区	625	9467000	1519

人口变化　2030—2035　2015—2020

人均GDP　10000 ——— 70

基尼系数　0 —— 0.34

城市流动性　第11位

全球城市实力指数　第3位

生活质量

碳足迹（CO₂）　第9位

© L'INSTITUT PARIS REGION　10km

埼玉县 · 千叶市 · 神奈川 · 东京湾 · 横滨 · 东京 · 北太平洋 · 40km · 30km · 20km · 10km

纽约

	面积（km²）	人口	人口密度（人）
三州地区*	33000	23000000	56
纽约市	785	8399000	1070

人口变化　2015—2020　2030—2035

人均GDP　10000 ——— 70

基尼系数　0 —— 0.42

城市流动性　第38位

全球城市实力指数　第2位

生活质量

碳足迹（CO₂）　第3位

© L'INSTITUT PARIS REGION　10km

* 由纽约区域规划协会提出的包括纽约州、新泽西州、康涅狄格州在内的31个县

康涅狄格州 · 纽约州 · 哈得孙河 · 新泽西州 · 大西洋 · 纽瓦克 · 纽约 · 40km · 30km · 20km · 10km

首尔

	面积（km²）	人口	人口密度（人/km²）
首都地区 *	11705	25383000	2170
首尔市	605	9812000	16200

人口变化 −1 ⦿0 ⦿2030—2035 ⦿2015—2020 3%
人均GDP 10000 ⦿ 70000 $
基尼系数（国家） 0 ⦿0.30 1
城市流动性 1 ⦿第29位 100
全球城市实力指数 1 ⦿第7位 1600
生活质量 1 ⦿ 200
碳足迹（CO₂） 1 ⦿第1位 280Mt

* 首尔，仁川和京畿道。

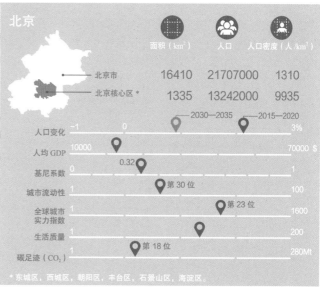

北京

	面积（km²）	人口	人口密度（人/km²）
北京市	16410	21707000	1310
北京核心区 *	1335	13242000	9935

人口变化 −1 ⦿0 ⦿2030—2035 ⦿2015—2020 3%
人均GDP 10000 ⦿ 70000 $
基尼系数 0 ⦿0.32 1
城市流动性 1 ⦿第30位 100
全球城市实力指数 1 ⦿第23位 1600
生活质量 1 ⦿ 200
碳足迹（CO₂） 1 ⦿第18位 280Mt

* 东城区，西城区，朝阳区，丰台区，石景山区，海淀区。

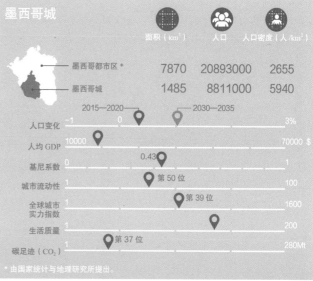

墨西哥城

	面积（km²）	人口	人口密度（人/km²）
墨西哥都市区 *	7870	20893000	2655
墨西哥城	1485	8811000	5940

人口变化 ⦿2015—2020 ⦿2030—2035 3%
人均GDP 10000 ⦿ 70000 $
基尼系数 0 ⦿0.43 1
城市流动性 1 ⦿第50位 100
全球城市实力指数 1 ⦿第39位 1600
生活质量 1 ⦿ 200
碳足迹（CO₂） 1 ⦿第37位 280Mt

* 由国家统计与地理研究所提出。

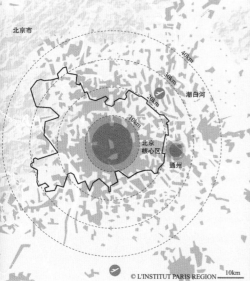

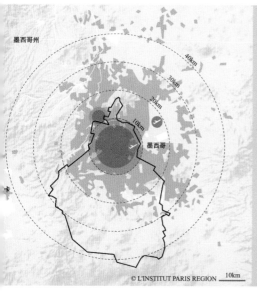

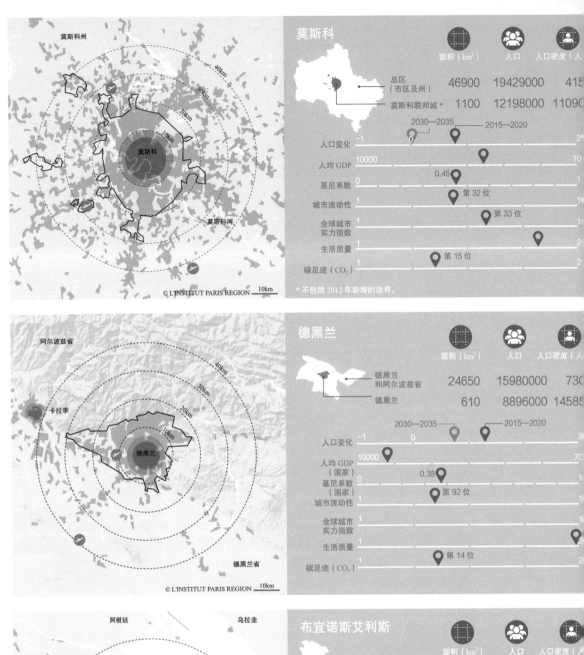

莫斯科

面积（km²） 人口 人口密度（人

	面积（km²）	人口	人口密度（人
总区（市区及州）	46900	19429000	415
莫斯科联邦城 *	1100	12198000	11090

2030—2035 ── ── 2015—2020

人口变化   -1   0   3

人均 GDP   10000   70

基尼系数   0   0.45   1

城市流动性   第 32 位

全球城市实力指数   1   第 33 位   1

生活质量   1

碳足迹（CO₂）   1   第 15 位   2

*不包括 2012 年新增的边界。

© L'INSTITUT PARIS REGION   10km

莫斯科州

莫斯科

莫斯科河

40km 30km 20km 10km

德黑兰

面积（km²） 人口 人口密度（人

	面积（km²）	人口	人口密度（人
德黑兰和阿尔波兹省	24650	15980000	730
德黑兰	610	8896000	14585

2030—2035 ── 2015—2020

人口变化   3

人均 GDP（国家）   10000   70

基尼系数（国家）   0.38

城市流动性   1   第 92 位   1

全球城市实力指数   1

生活质量   1

碳足迹（CO₂）   1   第 14 位   2

阿尔波兹省

卡拉季

德黑兰

德黑兰省

40km 30km 20km 10km

© L'INSTITUT PARIS REGION   10km

布宜诺斯艾利斯

面积（km²） 人口 人口密度（人

	面积（km²）	人口	人口密度（人
布宜诺斯艾利斯都市区 *	13950	14967000	107
布宜诺斯艾利斯自治市	205	2890000	1423

2015—2020 ── 2030—2035

人口变化   -1   0

人均 GDP   10000

基尼系数   0.40

城市流动性   第 59 位

全球城市实力指数   1   第 38 位

生活质量   1

碳足迹（CO₂）   1   第 36 位

* 布宜诺斯艾利斯及其 40 个城市（RMBA）。

阿根廷   乌拉圭

拉普拉塔河

布宜诺斯艾利斯

基尔梅斯

布宜诺斯艾利斯   拉普拉塔

40km 30km 20km 10km

© L'INSTITUT PARIS REGION   10km

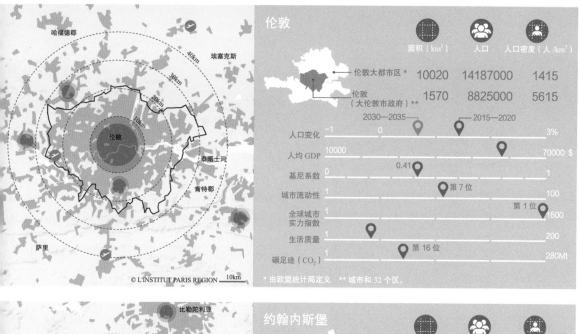

伦敦

	面积（km²）	人口	人口密度（人/km²）
伦敦大都市区 *	10020	14187000	1415
伦敦（大伦敦市政府）**	1570	8825000	5615

人口变化 　-1　　0　　　2030—2035　　　2015—2020　　　3%

人均GDP　10000　　　　　　　　　　　　　　70000 $

基尼系数　0　　0.41　　　　　　　　　　　1

城市流动性　1　　　　第7位　　　　　　　100

全球城市实力指数　1　　　　　　　　　　第1位　1600

生活质量　1　　　　　　　　　　　　　200

碳足迹（CO_2）　1　　第16位　　　　　　280Mt

* 由欧盟统计局定义　** 城市和32个区。

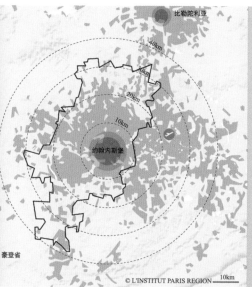

约翰内斯堡

	面积（km²）	人口	人口密度（人/km²）
豪登省	16540	12915000	780
约翰内斯堡市	1645	5486000	3335

人口变化　-1　　0　　2030—2035　2015—2020　3%

人均GDP　10000　　　　　　　　　　　　70000 $

基尼系数　0　　　　　　0.75　　　　　　1

城市流动性　1　　　第79位　　　　　　　100

全球城市实力指数　1　第42位　　　　　　1600

生活质量　1　　　　　　　　　　　　200

碳足迹（CO_2）　1　第13位　　　　　　280Mt

香港

	面积（km²）	人口	人口密度（人/km²）
珠三角 *	55890	64660000	1155
香港	1110	7429000	6715

人口变化　-1　　0　　2030—2035　2015—2020　3%

人均GDP　10000　　　　　　　　　　70000 $

基尼系数　0　　　0.49　　　　　　　　1

城市流动性　1　　　第5位　　　　　　100

全球城市实力指数　1　　　　　　第9位　1600

生活质量　1　　　　　　　　　　　200

碳足迹（CO_2）　1　　　　　　第4位　280Mt

* 珠三角（包括7个城市、香港、澳门）。

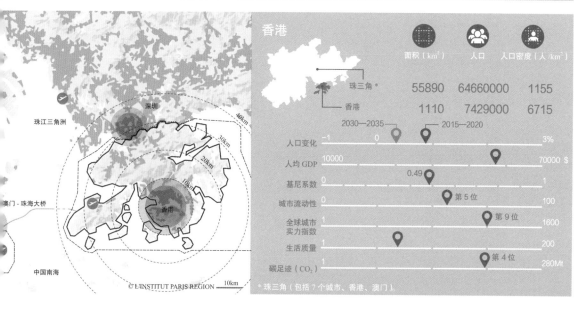

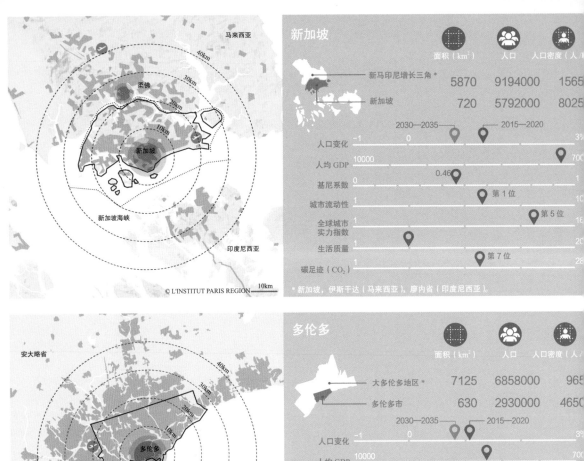

新加坡

马来西亚

柔佛

新加坡

新加坡海峡

印度尼西亚

40km
30km
20km
10km

10km

© L'INSTITUT PARIS REGION

	面积（km²）	人口	人口密度（人/）
新马印尼增长三角*	5870	9194000	1565
新加坡	720	5792000	8025

2030—2035　　　2015—2020

	-1	0	3%
人口变化			
人均 GDP	10000		700
基尼系数	0	0.46	1
城市流动性	1	第 1 位	10
全球城市实力指数	1	第 5 位	1
生活质量	1		1
碳足迹（CO₂）		第 7 位	28

* 新加坡，伊斯干达（马来西亚），廖内省（印度尼西亚）。

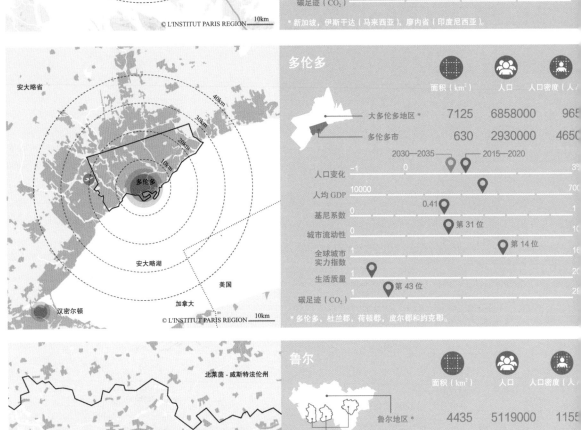

多伦多

安大略省

多伦多

安大略湖

美国
加拿大

汉密尔顿

40km
30km
20km
10km

10km

© L'INSTITUT PARIS REGION

	面积（km²）	人口	人口密度（人/）
大多伦多地区*	7125	6858000	968
多伦多市	630	2930000	4650

2030—2035　　　2015—2020

	-1	0	3%
人口变化			
人均 GDP	10000		700
基尼系数	0	0.41	1
城市流动性	0	第 31 位	10
全球城市实力指数	1	第 14 位	1
生活质量	1		1
碳足迹（CO₂）	第 43 位		28

* 多伦多，杜兰郡，荷顿郡，皮尔郡和约克郡。

鲁尔

北莱茵 - 威斯特法伦州

多特蒙德

埃森
杜伊斯堡

杜塞尔多夫

莱茵河

10km

© L'INSTITUT PARIS REGION

	面积（km²）	人口	人口密度（人/）
鲁尔地区*	4435	5119000	1155

主要城市

2030—2035　　　2015—2020

	-1	0	3%
人口变化			
人均 GDP	10000		70
基尼系数（区域）	0	0.30	1
城市流动性	0		
全球城市实力指数	1		
生活质量	1		
碳足迹（CO₂）	1		

* 鲁尔地区（53 个当地政府）。

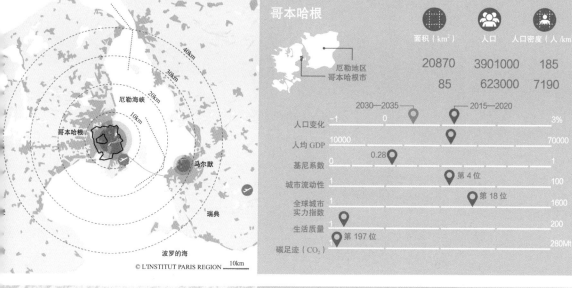

哥本哈根

面积（km²）　　人口　　人口密度（人/km²）

	面积（km²）	人口	人口密度（人/km²）
厄勒地区	20870	3901000	185
哥本哈根市	85	623000	7190

	2030—2035	2015—2020	
人口变化	-1　　0	3%	
人均GDP	10000	70000 $	
基尼系数	0　0.28	1	
城市流动性	1　第4位	100	
全球城市实力指数	1　第18位	1600	
生活质量	200		
碳足迹（CO₂）	1　第197位	280Mt	

© L'INSTITUT PARIS REGION　　10km

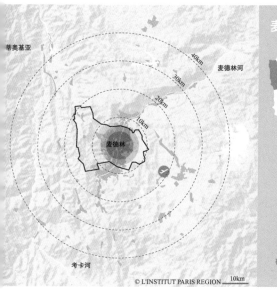

麦德林

	面积（km²）	人口	人口密度（人/km²）
阿武拉谷大都市区	1165	3934000	3375
麦德林	380	2529000	6645

	2030—2035	2015—2020	
人口变化	-1　0	3%	
人均GDP	10000	70000 $	
基尼系数	0　0.51	1	
城市流动性	1	100	
全球城市实力指数	1	1600	
生活质量	1	200	
碳足迹（CO₂）	1　第271位	280Mt	

© L'INSTITUT PARIS REGION　　10km

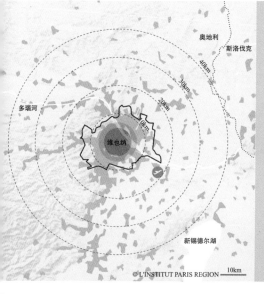

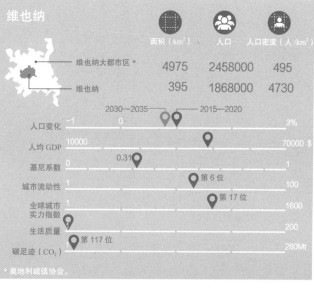

维也纳

	面积（km²）	人口	人口密度（人/km²）
维也纳大都市区 *	4975	2458000	495
维也纳	395	1868000	4730

	2030—2035	2015—2020	
人口变化	-1　0	3%	
人均GDP	10000	70000 $	
基尼系数	0　0.31	1	
城市流动性	1　第6位	100	
全球城市实力指数	1　第17位	1600	
生活质量	200		
碳足迹（CO₂）	1　第117位	280Mt	

* 奥地利城镇协会。

© L'INSTITUT PARIS REGION　　10km

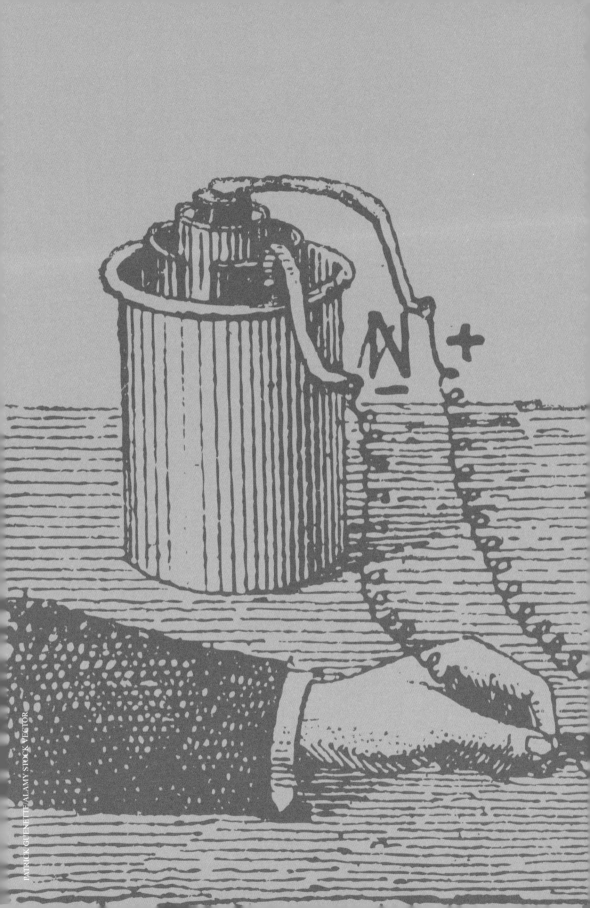

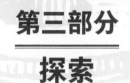

第三部分
探索

******

　　全球各地的城市都在进行探索,寻找解决气候变化、社会融合等问题的新方案:低碳建筑、可再生能源生产、资源和废物回收、绿色基础设施、可持续交通、社区再生和各种尺度的生态规划。这些城市正在重新连通河流,恢复河道的自然状态,增强生物的多样性,培育城市森林等。这些探索是城市改变的催化剂,催生了更加可持续的城市发展模式。这些举措是否已经达到能够影响区域的临界规模?它们是否真的代表了新的发展路径?

城市改变的催化剂

今天的城市有机会成为全球经济、生态和社会变化的主要驱动力，
但它们的转变和适应能力还不得而知。
在人们开始思考到底什么是新的城市模式或全面的发展策略之前，
各种"探索性"的项目已经在世界各地纷纷开展起来。
我们如何通过这个民主的过程撬动改变的杠杆？

＊＊＊＊＊＊＊

里奥·福库奈，巴黎大区研究院政治学家、城市规划师
马克西米利安·高力克，巴黎大区研究院景观建筑师和规划师

农业社区，位于巴黎大区热讷维耶的一个社区城市农场
摄影：D' ARCHITECTURE 工作室

城市的发展模式正在受到威胁。城市显然是拥有最多资源的地区，能够加速经济全球化，并使其效益最大化。较高的人口密度让城市地区实现了基础设施的共建共享，减少了能源和空间的浪费，但这并不代表城市具备应对生态变化的能力。马克思·韦伯（Max Weber）向人们普及了一句话，"城市的空气使人自由"。但是伴随着发展，城市的可持续性受到了质疑：城市扩张刺激了小汽车的使用，带来了拥堵、污染和噪声；"城市新陈代谢"中的物质流动对环境造成损害并产生碳排放；自然空间变得更加稀缺，生物多样性降低；酷暑天气比其他地区发生得更加频繁，自然灾害对人类和生态的影响加倍；人口流动永远在进行着，那么总会有人无法找到舒适的容身之所，加剧了紧张和不平等。

城市和自然之间能够达成一致？答案是：能！

城市必须要回答的问题其实很简单：除了减少对环境的影响，城市能否为可持续发展带来创新方案？城市能否形成新的发展方式？为了回应这一问题，在规划、建筑和资源管理领域[1]正在进行大量的实验和探索，它们有可能成为未来撬动改变的杠杆。研究它们、应用它们，以及形成系统化方案，是未来 10 年的基本挑战。

环境可持续性的进展如何？

人们对于发展政策中生态转型的有效性依然十分怀疑，"漂绿"①是我们必须承认的事实。不过纵观全球，真正的改变正在世界各地发生。

与以前相比，方法更加系统化，城市和自然之间的关系也不再那么对立。都市绿带（城市增长边界）在伦敦、首尔和波特兰有着悠久的历史，这使划定城市增长边界成为可能，如今正在被新的空间模式所取代——将开放空间引入大城市的中心。哥本哈根"指状规划"（Finger Plan）已经显示出长期行动的价值（见专栏）。其他城市也在尝试灵活、混合的规划模式，比如米兰的南部农业公园（Parco Agricolo Sud）——一个 47000 公顷的大型农业公园，并不是作为城市发展的硬性边界，而是一个具有综合政策的、充满活力的区域公园。

巴黎大区有一系列有趣的工具可以使用，包括区域总体规划（Île-de-France 2030）、区域生态规划（蓝绿网络）以及区域自然公园宪章。除此之外，巴黎大区还在许多地方尝试基于自然的解决方案，旨在逐渐建立真正的绿色基础设施 [见马克·巴拉（Marc Barra）和尼古拉斯·拉鲁尔（Nicolas Laruelle）的文章，第 114 页]。

值得注意的是，为了更好地考虑本地的气候、地理、水文、生态系统、自然环境等条件，人们积极寻求让地区中的利益相关者参与并赋权的解决方案，从而使不同地域尺度更加有效地联系在一起。这已经成为现实，例如，北美五大湖地区是为 5000 多万人口提供淡水的世界最大淡水湖，它所面临的挑战推动了本地区和市级层面开展的"再野化"项目〔这些项目在菲利普·恩奎斯特（Philip Enquist）等人的文章中进行了详细介绍，见第 118 页〕。

类似的探索也在澳大利亚的珀斯进行，"再生城市"战略首先在房屋层面验证，然后应用到街区层面，最终扩大到整个社区甚至城市（见彼得·纽曼的文章，第 123 页）。将这种环境方法用在更多不同的尺度上，通常在密度较低的郊区并不妨碍使用

哥本哈根地区的绿色规划

保护农村地区不受城市持续扩张的影响，一直以来是充满活力的城市所需面临的重要挑战：基于自身的地理特征，伦敦和首尔选择了城市绿带，兰斯塔德选择了城市"绿心"，鲁尔选择了线形区域公园。这些绿色基础设施提供了必要的生态、农业、景观、休闲和城市服务，而自然和城市地区之间长期稳定的边界是这些服务得以提供的条件之一。哥本哈根之所以与众不同，是因为它将区域组织的长期规划浓缩成了一个引人注目的形象——指状规划，而且并不是遵循山谷、等高线等自然界限划定的。这项规划自1947年首次制定以来进行过六次修改，促成了大哥本哈根地区沿着五条铁路走廊、围绕火车站

发展的形态。在五根"手指"之间，一个开放空间网络得以保持和发展，并延伸到城市中心，形成"绿楔"。这些不仅是绿带，还是连续的自然和休闲空间，并在本地社区中发挥着重要的作用。2007年，指状规划的修编职责从哥本哈根市长手上移交到了更加注重增长的国家经济部。在2019年的指状规划中，提出了不同的区域发展设想供讨论。最终，人们选择了加强城市中心（指状规划的手掌）的发展战略，在港口实施填海工程，并围绕特定车站进行有限度的城市扩张。■

保罗·洛克哈德，巴黎大区研究院
高级城市规划师

保罗·洛克哈德，巴黎大区研究院高级城市规划师

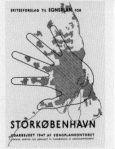

2005年区域规划，HUR
规划文本中1947年到2019年的指状规划及其绿楔：紧凑的城市发展模式和广阔的开敞空间。

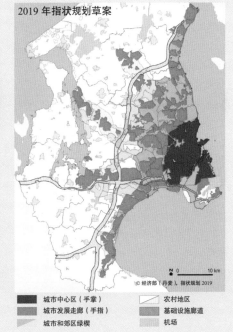

2019年指状规划草案

© 经济部（丹麦），指状规划 2019

N 0   10 km

■ 城市中心区（手掌）　　　□ 农村地区
■ 城市发展走廊（手指）　　■ 基础设施廊道
□ 城市和郊区绿楔　　　　　□ 机场

111

位于蒙特勒伊（巴黎大区）拉诺的社会住宅区正在进行重要的城市更新，也是"高地公园项目"的一部分。

技术解决方案，然而这些解决方案在大都市的中心地区往往呈现得更加复杂，并且如今正在通过"环境设计"方法进行塑造，香港就是一个例子（详见黄健翔等人的文章，第 126 页）。

有人担心高度本地化的项目在区域范围的影响有限，所进行的探索可能是"碎片化"的生态转型，但这些方法回应了付诸于实践的需求，反映了本地社区应对全球挑战的愿望。[2] 这也意味着转型应该是一种社会现象，尽管这个维度在大都市区发展战略中似乎不受重视。

社会可持续性应该成为核心关切吗？

2016 年 10 月，联合国住房和可持续发展大会在厄瓜多尔首都基多举行，会议通过了"新城市议程"。这项议程提出了"人人享有城市的愿景"。[3] 相关国家政府也注意到一些州和地方政府赞成"城市权"的倡议，但并没有将其奉为一个共同的原则。显然，城市政策的民主化仍然是一个有争议的话题。

尽管如此，社会领域的创新仍有很多。文化和大型体育赛事常被当作推动城市落后地区再开发的工具 [见理查德·布朗和马蒂厄·普林（Matthieu Prin）等人的文章，第 132 页和第 134 页]。更系统的做法是，一些城市将人作为发展模式的核心，重新设计这些以汽车为主导的城市，让连续的公共空间再次回到人们的身边（见保罗·洛克哈德的文章，第 128 页）。

南部城市在实施城市开发策略、管理和治理模式方面开辟了新的视角，聚焦于社会维度。[4] 在拉丁美洲，阿雷格里港的参与式预算和麦德林的社会城市化得到了认可。巴西、厄瓜多尔等国家以及墨西哥城已经将"城市权"制度化，成为制定城市政策的具有法律约束力的准则。在非洲的大城市里，亨利·列斐伏尔提出的概念得到实施，可能有些激进：承认非正规住房是一种合法的城市化模式，因此承认相关社区在涉及生活环境发展问题上的决策权，特别是对于移民和从农村地区迁移过来的劳动人口。

在欧洲，新人口的大量涌入对发展政策提出了挑战，特别是在住房方面 [见玛丽·巴利奥（Marie Baléo）的文章，第144 页]。一些城市已经把社会可持续性作为城市发展模式的核心。瑞典的马尔默创立了一个独立委员会，致力于解决这一问题，委员会由研究人员和政府公务员组成，其目标是改善公共卫生、社会公平和福祉，他们的建议会在城市规划战略中得到考虑。维也纳提倡性别主流化的概念，让人们能够评估有关性别平等、女性获得公共空间和城市服务的机会等方面城市政策的执行情况。

最重要的是，维也纳在基于可负担住房政策的社会模式发展方面表现出卓越的连续性 [见尤金·安塔洛夫斯基（Eugen Antalovsky）的文章，第 139 页]。巴黎大区也有一些经验可以分享，包括土地管理工具、社会住房的存量规模和动态、城市改造方面的大力投资，以及解决低于标准的住房社区问题等。

为了应对这些干预模式所面临的威胁，人们越来越意识到住房政策在城市可持续发展中的重要性，正如 2019 年欧洲主要城市的呼吁，"建立一个人人拥有可负担住房的社会"[5]（里昂宣言）。类似的价值还包括 2022 年维也纳国际建筑展（IBA）期间开展的调查和实验，人们期望建设符合自身角色的城市，以及能够为每个人提供自由的空间和可期的未来。■

社会住房和城市包容性必须得到更多的关注

---

1. Lorrain，Dominique et al.，*Villes sobres. Nouveaux modèles de gestion des ressources*，Presses de Sciences Po，2018.
2. 关于对多边气候管理的批判和发挥地方动员的作用，请参见：Descola，Philippe，*Humain，trop humain*，Revue Esprit n° 420，December 2015.
3. 基多宣言的"目标 11"。可在 www.habitat3.org 查阅。
4. Spire，Amandine and Morange，Marianne，*Les trois faces du droit à la ville au Sud*，Revue Urbanisme n° 412，January 2019.
5. 可在国际社会住房节网站 www.ishf2019.com 查阅。

① 原文为 Greenwashing，该词由"绿色"（green，象征环保）和"漂白"（whitewash）合成的一个新词。用来说明一家公司、政府或是组织以某些行为或行动宣示自身对环境保护的付出，但实际上却是反其道而行。这实质上是一种虚假的环保宣传。——译者注

基于自然的解决方案的兴起

打破长期以来唯工程技术的规划做法，
巴黎大区如今拥有大量依靠自然应对大城市挑战的举措，
特别是在气候变化和生物多样性领域。
但是巴黎大区仍然需要更有效地统筹这些通常是非常本地化的项目，
以使这个"都市 - 自然"模式更加一致、清晰和令人向往。

****

马克·巴拉（Marc Barra），生态学家；尼古拉斯·拉鲁尔（Nicolas Laruelle），巴黎大区研究院规划师

25年前，当时法国政府正在审批巴黎大区总体规划（SDRIF 1994）——一项仍然以支撑城市发展的"灰色基础设施"（输电线、污水处理厂、公路和铁路）内容为主的规划，柏林则因支持其总体规划中一项关注景观和动植物的项目（Landschaft-sprogramm Artenschutzprogramm）引起了大家的注意。

这份文件提出了"绿色基础设施"的概念，即能够以更少的成本实现一些"灰色基础设施"需要相当代价才能承担的功能。这份文件在全球第一次提出了识别并保护"气候优先保护区"的概念，即通过"气候交换廊道"延伸到城市中心，并且降低城市温度的大型自然郊野地区。

在柏林规划发布后的 10 年，巴黎大区研究院的工作让柏林规划在巴黎规划圈广泛流传，唤醒了规划师对于已在其他城市开展的"基于自然的解决方案"的好奇心。

如今更加认可的优点

田野和草地、森林和灌丛、池塘和湿地、公园和花园……这些空间都能够为大城市面临的挑战给出积极回应，无论是遏制气候变化（通过地下或植物体以有机物的形式存储碳）还是适应气候变化带来的影响（通过在热浪中给城市降温或在暴雨期间收集多余的径流）。

相比管道和大坝，自然可以更经济、更高效地管理水资源

一些城市战略以口号的形式强调对气候变化某一类影响的特别关注，例如雨水径流或者洪涝。2014年[1]，在中国多地出现了"海绵城市"的概念，例如，位于上海东南部的临港新城修复了湿地，建设了可蓄滞洪水的公园，种植了上千棵树木，储存雨水以备干旱时期使用。斯图加特的"凉爽城市"[2]概念通过形成网络的大型公园和树列改善风循环，在热浪爆发期间将热空气从城市中心向外疏散：所有的建设许可都递交给气象学家评判，以保证规划的建筑不会阻挡空气流通。

生物气候城市设计

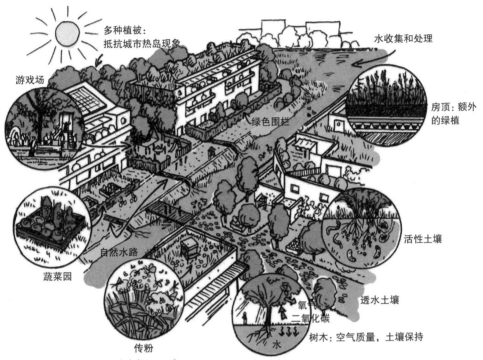

多种植被：
抵抗城市热岛现象

水收集和处理

游戏场

绿色围栏

房顶：额外
的绿植

自然水路

活性土壤

蔬菜园

透水土壤

氧气
二氧化碳

传粉

水

树木：空气质量，土壤保持

插图：鲍里斯·特林，巴黎大区研究院（ARB IDF）

　　由于以上地区在实践中依赖于三个同样的关键要素（维持土壤活性、增强植被覆盖、重建自然水循环），这些方法是趋于一致的：由于蒸发作用，海绵城市一定更加凉爽，凉爽城市中的植被走廊可以更有效地储水。[3]这些方法还带来一些相关的益处（水和大气净化、生物多样性等），这些益处更加明显，因为这些地区以生态化的方式进行管理，并通过"蓝绿网格"在各个尺度上相互连接。

在各种尺度上进行的探索

　　在大都市区尺度上，主要的理念是让城市更容易被自然渗透。例如在罗马和斯德哥尔摩，很多自然公园渗透到城市的中央。巴黎大区于2013年制定了第一部《区域生态规划》，提出保护或恢复"生态连续性"（通过绿色走廊连接的生物多样性存储库）的目标。这是第一次在相当详细的尺度形成一个区域"蓝绿网格"的完整画像。这些目标也得到了区域总体规划（SDRIF 2013）的支持，并引入了更多的城市内部连接。向普通大众推广这种都市网格的形式和功能仍然是挑战，例如，可以使用一种象征性的物种（在斯特拉斯堡，通过模拟红松鼠的移动评估都市网格的本地化），或使用一种较为个性的活动（在柏林，绿色网格使人们能够骑马从乡村到达城市中心）。

　　在街道尺度上，项目应鼓励开辟洼地

湿地的复兴：日本的远贺鱼道公园展示了此类项目可能产生的社会影响

（沟渠）、"雨水花园"和植树：纽约市表示在 10 年时间里种植了 100 万棵树。[4] 同时，还需要通过支持社区项目鼓励自发种植，比如在雷恩、里尔和斯特拉斯堡。在巴黎大区，自 2015 年以来，"种植许可"非常流行，除了在小巴黎，近期在庞坦、圣丹尼和马西也流行起来。

在地块尺度（包括已建和未建）上，保持自然土壤的区域和增加植被覆盖是非常重要的因素。促进屋顶绿化（包括新建筑和老建筑）也很重要：巴塞尔常被誉为"世界上最绿色的城市"[5]，30% 的平屋顶上种植了植物。自 2001 年起，所有新建的、未使用的平屋顶都必须种植植物，以此在微观尺度（屋顶）和地区尺度（城市中心）降低夏季的夜间温度。此外，屋顶绿化还有助于隔声、提高空气质量（通过捕获空气微粒）、进行雨水管理和提高屋顶防水系统寿命等。在巴黎大区，区域生物多样性管理局正在市中心 30 多个屋顶绿化项目上进行一个名为 "Grooves"（全称：Green Roofs Verified Ecosystem Services）的新调查，初步结果显示出屋顶惊人的储存能力，取决于基材的质地和深度，以及自发容纳多种植物和苔藓的能力（至少 268 种不同的物种）。

"表面群落生境系数"是柏林自 1998 年以来在建筑项目中使用的一项综合指标，为每个地块确定一个种植目标。这项指标有助于提高对可调动资源（土壤、种植了绿植的阳台、屋顶、墙壁和外立面、透水性蜂窝表面等）以及相应性能（最有效的仍然是天然的空地）的重视程度。

在所有尺度上，恢复空地往往是不可

或缺的。日本福冈提供了几个"打开"的例子，包括在学生的帮助下，将之前的一个学校停车场改造成水上公园，以及在远贺鱼道公园内对一个大型水源地河岸进行的生态修复。作为"斯特拉斯堡在生长"（Strasbourg ça pousse）计划的一部分，城市和大都市议会从 2008 年开始呼吁居民团体对超过 5 公顷的公共空间（人行道、建筑物前的空间、墓地的小路）进行透水性恢复和生态管理。作为"绿化规划"（Plan Vert）的组成部分，巴黎大区议会自 2017 年开始为这些恢复渗水性改造行动提供资金支持。

迈向"自然－城市"的巴黎模式？

这些基于自然的解决方案在大城市的中心地带实施起来往往更加困难，特别是在巴黎市和近郊区，这些地区的密度显著高于其他欧洲大城市，而且自 20 世纪 90 年代以来保持了继续增长的态势。即使这种密度增长没有侵占空地，但对这些空地造成的压力会加剧，使它们无法履行作为自然基础设施的多种功能。近年来，大都市核心地带的公园面积比人口的增长速度慢得多，而那些确实有公园的地区人流量相应更高。巴黎及其近郊日益增长的密度必须得到谨慎控制，对城市棕地的开发应采取有针对性的个案处理方法。为了实现更大范围内城乡之间的平衡，我们必须携手共同努力。巴黎大区丰富多样的地理环境需要不同的解决方案，2011 年以来被授予"法国生物多样性之都"的城镇包括：近郊城镇（蒙特勒伊、库尔贝沃、罗森尼

索斯—博伊斯）、远郊城镇（圣普里克斯、莫伦库特）、二级中心城市（历史城镇凡尔赛、新城瓦尔莫布埃），以及乡村小镇（博内勒）。

因此，目标不仅是支持和展示已经存在的诸多举措，而且还要为巴黎大区创造一个"自然—城市"的模式：一个一致、清晰和令人向往的模式，将大区内所有的参与者吸引进来，并且如研究员卡米尔·吉罗[6]在斯堪的纳维亚城市中所展示的，能够提高地区的吸引力和法国国家整体的全球环境美誉。■

延伸阅读

NATURE-BASED SOLUTIONS TO ADDRESS CLIMATE CHANGE
UICN France，Paris，2016
CLIMATE：NATURE-BASED SOLUTIONS FOR CLIMATE CHANGE MITIGATION AND ADAPTATION IN PARIS REGION
ARB îdF，IAU îdF，2015

---

1. "Sponge City" in China – A breakthrough of planning and flood risk management in the urban context. Faith Ka Shun Chan et al.，刊载于：Land Use Policy, Vol. 76 (2018), p. 772-778.
2. Cool city as a sustainable example of heat island management case study of the coolest city in the world. Reeman Mohammed Rehan，刊载于：HBRC Journal, Vol. 12 (2016), p. 191-204.
3. 海绵城市的概念并不适用于所有类型的城市土壤，特别是巴黎地区特有的石灰岩、泥灰和石膏高原。
4. https：//www.milliontreesnyc.org
5. Végétalisation biodiverse et biosolaire des toitures. Baumann Nathalie and Peiger Philippe，Eyrolles，2018.
6. Camille Girault，"L'affirmation de l'exemplarité environnementale comme stratégie de métropolisation des villes nordiques"，EchoGéo，36，2016，Online.

菲利普·恩奎斯特——芝加哥密歇根湖附近的原生湿地

五大湖地区城市的"再野化"

拥有丰富淡水资源的五大湖地区，
必须要恢复它的水生态系统。
通过制定这样的战略，
五大湖地区的城市可以在将自然系统重新引入城市地区，
解决洪涝和其他城市病等方面引领世界。

****

菲利普·恩奎斯特（Philip Enquist），SOM 建筑设计事务所（美国芝加哥）咨询合伙人

梅林·拜尔斯（Meiring Beyers），Klimaat 咨询与创新事务所（加拿大安大略）总监

德鲁·温斯利（Drew Wensley），森山－手岛建筑事务所（加拿大多伦多）首席执行官

气候变化对生态和城市系统所造成的压力，使五大湖跨国盆地内的城市面临挑战。城市的"再野化"意味着将自然景观系统再次引入城市环境。这种方式可以提高基础设施的韧性，让城市吸收压力，从增加的热浪或强风暴等负面气候影响中恢复过来。城市政府、机构和社区组织正在共同开展这项工作。未来还有很长的路要走，但我们这些城市设计和工程咨询公司可以发挥主导作用。

气候变化和五大湖城市

五大湖盆地是一个重要的国际流域，从明尼苏达州的德卢斯延伸到大西洋，汇集了五个主要的淡水湖和圣劳伦斯河，是地球上最大的地表淡水储存库。这一盆地养育了加拿大和美国两个国家约5000万人口，其中很多人生活在诸如芝加哥、密尔沃基、底特律、克利夫兰和多伦多等大城市中。尽管存在投资减少和生态退化的困难，但这一区域从整体来说，拥有充满活力的国际贸易基础，具有很好的发展前景。

21世纪面临的气候挑战要求我们针对城市环境的韧性和健康探索新的解决方案，比以往按部就班的方案更进一步。气候变化也将我们联系在一起，催促我们必须尽快行动。让五大湖地区的城市恢复活力和健康发展，是国内和国际韧性战略的关键，有助于城市更加智慧并更具经济效益。

今天，我们实施适应和缓解气候变化影响的措施，或可将气候变化稳定在提高2℃左右。但是，如果我们继续像往常一样，从2050年到2100年气温将会提高6℃。在五大湖地区，预计气温更高、时间更长的夏季将提高能源需求和水资源消耗量。突发的热浪将给城市健康带来更大的负担。随着湖水温度的升高，冬季和春季的湿度很可能增加，从而造成更严重的霜冻或冻雨灾害。病虫害媒介的生存能力将发生变化，我们实施可持续的生物多样性农业实践的能力也会随之改变。

从不可持续的模式到绿色的未来

今天，五大湖地区的发展模式继续分裂和破坏更大区域的生态环境，产生的后果包括城市低密度蔓延造成的湿地和动物栖息地的减少、雨水径流污染，以及持续工程化和管道化的河流小溪。此外，森林和城市树木的覆盖率降低，老旧社区面临投资减少的困境。

在全球人口增长的同时，自然区域的面积正在缩小。除了多伦多、芝加哥等少数特例，五大湖地区的城市人口正在减少，而在美国的阳光地带、沿着海岸线以及飓风和海浪可能经过的地区，流入的人口数量急剧增大。

城市发展持续分裂和破坏着自然系统

五大湖的城市坐落在北美大陆最具韧性的地区之一，拥有丰富的淡水资源。但是，我们是用20世纪的技术建造了这些城市：机动化创造了几乎不透水的地面，使城市变得非常脆弱。今天，我们可以做得更好。

我们需要的是一些针对城市的新想法，包括：

1. 发展更强大的经济，引入新的产业和更加可持续的增长模式；

2. 将不同社会、种族和经济团体凝聚成充满活力的社会；

3. 在整个城市化地区修复自然，整合自然系统；

4. 使用先进的技术手段改善交通、能源和卫生系统；

5. 在设计和开发过程中考虑气候变化；

6. 探索使自然和城市平等发展的路径。

本文聚焦第六点，城市和自然或"再野化"，主张自然和城市建设同等重要，以及让环境引导发展，而不是让环境向发展妥协。

将城市作为海绵重新思考

在中心城市，城市道路占土地面积的比例可以达到40%～50%，特别是二战前形成的五大湖地区的工业城市，包括底特律、伊利、布法罗和芝加哥。随着交通方式的改变，无人驾驶、共享和定制服务的发展，停车需求将会显著降低。减少路内停车和地面停车场，为自然回归城市创造了机会。通过缩窄街道和削减停车空间，几乎一半的现有硬化地面都可以重新回到自然系统中，获得阴凉、舒适、更好的水系统和城市健康。这些可以和绿色基础设施建设同步推进，并且只需花费标准工程基础设施成本的一小部分，强调在紧凑、适宜步行的尺度进行建设，同时尽力扩展自然景观区域的面积。另外，随着重工业的流失和高科技的引入，那些已经工业化、人工化的河流恢复到自然的河岸和湿地，我们的审美也从修剪整齐的草坪转为对原生态植物的喜爱。

城市中的树木

即使树木是地球上最大的碳储存库之一，根据美国林务局的估计，美国城市在 2009 年到 2014 年间，每年减少树木达数百万棵，减少的树木覆盖面积达到 70800 公顷。不透水地面增加的面积几乎与树木减少的面积相当。全球每年失去的森林面积达到 770 万公顷。在城市地区该如何尊重，并充分利用这些成本很低的"树木基础设施"呢？我们要考虑这些树木的显著优点：可以吸收二氧化碳，减少热岛效应；也可以净化空气和水，为生物提供栖息地。此外，树木让城市变得更宜居，让人们的步行次数增加，对我们的身心健康有益，并帮助打造独一无二的城市名片。

2017 年，经过计算机软件 i-Tree 的分析，人口超过 1000 万的超大城市每年将通

五大湖百年愿景。展览由 SOM、国际水资源秘书处和芝加哥建筑基金共同组织

在几十年的城市扩张之后，多伦多现已将绿色走廊作为城市森林保护起来（小径）

过树木减少大气污染和缓解热岛效应，节省 5 亿美元。

关键行动

这是一个非常关键的问题，从小型社区到州和省的各级政府都需要就此问题展开对话。在经历了东南亚和美国持续的暴雨和飓风威胁、西部地区严重的干旱和森林火灾，以及席卷北非和欧洲的热浪之后，现在是时候采取不同的行动了。

很明显，我们正在建设城市的方式是不可持续的。我们的土地和景观已经变得支离破碎，以至于很容易受到不断增加的气候变化的影响。自然回归城市的简单应用，指引我们以更高的韧性抵御强烈的气候危机。整个地球和大气系统、海洋系统、陆地系统的健康必须放在第一位。地球的健康和城市健康紧密相连。通过意识到城市必须和自然系统共存给予自然应有的空间，五大湖地区的城市可以成为引领世界城市的范例。■

三个"再野化"的例子

· 罗宾斯是一个芝加哥的郊区社区，正在通过引入一个大型湿地公园系统解决日益增长的洪涝问题，这一系统将小学串联起来，并提供了新的娱乐设施。拆除管道，拓宽溪流，引入生态功能健康的湿地，看来是一个可负担的解决办法，可以防止大暴雨产生的洪水，让罗宾斯中心区以及 200 多个家庭免受洪水之灾。

· 芝加哥大都市水资源管理局和芝加哥地区的许多地方政府正在和我们开展战略合作，一次性解决社区洪涝问题。通过恢复已经消失 100 多年的自然湿地，增加可存蓄雨水的社区公园系统，以及重新创建森林景观，社区正在变得更有韧性。当前这些社区层面开展的大部分工作，是依据对五大湖地区生态系统更大规模的研究。

· 非营利组织也为本区域的再野化作出重大贡献："湿地计划"的重点包括修复种群数量减少了 80% 的帝王蝶栖息地、通过人工湿地减少农业径流中的富营养化污染，以及恢复橡树大草原和历史沼泽地。■

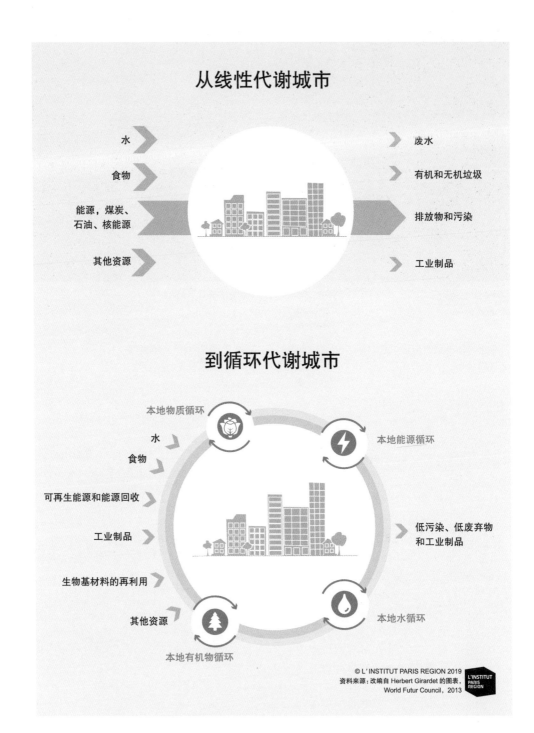

从线性代谢城市

水 → 废水

食物 → 有机和无机垃圾

能源，煤炭、石油、核能源 → 排放物和污染

其他资源 → 工业制品

到循环代谢城市

本地物质循环

水 →

食物 →

本地能源循环

可再生能源和能源回收 →

工业制品 →

低污染、低废弃物和工业制品

生物基材料的再利用 →

其他资源 →

本地水循环

本地有机物循环

再生城市：一个新概念

尽管有关城市新生态和城市韧性议程的努力已经有所收获，
但仍然不够。
如果说这些行动只是减少了对我们的影响，
整体的结果仍然是负面的。
城市规划可以成为"可持续区域"概念转向城市生态系统的钥匙吗？
什么尺度上的干预会更加有效？

****

彼得·纽曼（Peter Newman），澳大利亚科廷大学可持续发展专业教授

城市在全球经济中竞争，需要不断地为下一个经济时期做好准备，否则就已经开始错失机会。城市可能会失去吸引年轻人和新就业岗位的优势。巴黎正在展示如何规划一个碳中和的未来，弗赖堡则要成为一个可持续城市，纽约推进了智慧和韧性城市议程。东京的公共交通和适宜步行的城市中心区领先全球，墨尔本胜在宜居性，而新加坡擅长打造生态城市……

再生城市

"再生城市"的概念还没有流行起来。以上的很多理论或范例都试图展示城市在继续发挥历史作用、创造社会和经济机会的同时，能够减少生态足迹。"再生城市"概念进一步提出，城市在增加社会和经济机会的同时，产生再生环境的需要。这是地方、区域和全球环境再生共同作用的过程。

"再生城市"不是减少碳排放，而是需要从大气中吸收碳；不是减少对生物多样性产生的影响，而是应该创造新的栖息地增加生态机会；不是减少磷、氮的消耗量，而是应该从污水、河流、湖泊和地下水中提取多余的营养物质，并归还到农田。同样的理念可以应用于任何重要的环境问题，特别是相比于其他"地球工程"干预气象的解决方案（即对气候系统的大规模干预），展示城市如何拥有更好、更安全的选择。因此，"再生城市"的代谢过程会发生显著改变。"再生城市"不是减少资源变成废弃物的过程，而是通过循环经济创造资源，像生态系统那样由太阳能驱动。目前有一些小型案例被称为再生项目，但是推进这些项目进程的机会仍然主要是象征性的。前面提到的每个城市正是沿着这条路在前行。例如，新加坡通过在绿色墙壁和屋顶上模拟森林生态结构，创造了新的动植物栖息地，从而增加了当地的生物多样性。巴黎通过碳中和战略创建生物区域，在森林中捕获大量的碳，从回收的堆肥中提取农业土壤，为城市建筑建造林场，将碳封存数百年。弗赖堡进一步扩充庞大的太阳能系统，使输出的可再生能源总量超过消耗的能源总量。东京的边界正在收缩，

因此这座城市可以展示更多的中心城区更新如何帮助缩减城市的生态足迹。纽约增强能源、水资源和废弃物方面的智能技术，并开始对生物地区进行再生。墨尔本继续宜居城市的增长，同时采取更多严格的环境保护目标。所以，一个城市该如何开始再生之旅？在我所在的城市珀斯，我们正在学习如何与开发商、地方政府和公用事业公司合作开展城市研究项目，从小处着手并扩大项目规模。我们知道，在城市的不同片区，城市肌理差异较大，再生的机会也不同。

城市肌理与再生机会

在城市再生概念开始扩大到整个城市尺度时，城市的不同片区显然要采用不同的方法。"城市肌理理论"使我们了解到城市的不同部分是如何形成的，以及这种肌理在未来的发展中应该得到尊重。例如，郊区的屋顶太阳能对个体家庭来说是最好的选择。相比适宜步行的、高密度城市，这里更需要重视共享交通系统，因为前者更容易转向零碳交通方式（步行、骑行和公共交通）。无论如何，在这些密度更高的地区，需要更多的集体尺度的可再生能源选择。■

延伸阅读

"THEORY OF URBAN FABRICS: PLANNING THE WALKING, TRANSIT AND AUTOMOBILE CITIES FOR REDUCED AUTOMOBILE DEPENDENCE" *IN TOWN PLANNING REVUES*, 87（4）
Newman P., Kosonen L. and Kenworthy J.（2016）
RESILIENT CITIES: *OVERCOMING FOSSIL FUEL DEPENDENCE*
Newman P., Beatley T. and Boyer H.（2017）
"URBAN FABRICS AND URBAN METABOLISM: FROM SUSTAINABLE TO REGENERATIVE CITIES" *IN RESOURCES*, *CONSERVATION AND RECYCLING*, 132
Thomson G. and Newman P.（2018）
AUSTRALIA NATIONAL RESEARCH AND INNOVATION HUB FOR THE BUILT ENVIRONMENT:
lowcarbonlivingcrc.com.au

地方行动升级：珀斯的实践

乔希的家。这个项目是关于将一个简单的、典型的澳大利亚四口之家的住宅改造成碳益建筑。由于 70 个频道对这一项目进行了监督，可在互联网上公开获取，为我们提供了大量关于如何以一种新的、净的碳益方式建造房屋的信息。乔希的家是碳可再生的，并且水资源能够循环利用。它的能源系统和水系统已经在以下这些更大规模的项目中使用，使研究团队检查共享基础设施所提供的机会成为可能。

零碳住宅。第二步是一个与住宅开发商合作的全国性项目。这些按照零能耗设计的住宅（ZEH）使用高效的热泵热水系统、反向循环空调，以及光伏系统。这一自主采用零能耗概念的成果，表明已经出现了走向再生领域的市场机会。

白胶谷。以上成就推动了白胶谷社区的再开发项目，该项目位于珀斯郊区的弗里曼特尔。这个商业成功的居住小区拥有 100 套住宅，按照设计至少是零碳排至吸收碳排放。这是节能设计和可再生能源的结合，可以通过设计指南和可持续性激励措施来实现，并提供多种住房选择，例如为艺术家提供的社会住房、为年轻人提供的住房等。这一项目的规划目标超越了建筑本身，考虑了蓄水、植树，并将雨水池改造成开敞空间和用于灌溉的社区地下水源。通过这些设计，以及多样化的社区参与，这些住宅快速售出，成为一个开发商和州政府认可的商业成功项目。使用区块链的点对点交易系统是世界首例。初期数据也显示出这是一个碳益的项目。该项目展示了扩大规模如何提供了一种共享太阳能、水以及一个小型共享电动车项目的新方式。

一千套住宅。为了将白胶谷项目的创意延伸到更大尺度，为城市共享提供更多选择，另一个项目将在可更新土地上建设 1000 套住宅单元。这个项目囊括了一系列创新做法，比如社区电池、"水敏感"城市设计，以及连接弗里曼特尔城市中心的无轨电车系统。共享社区的管理方式囊括了新的分布式能源、水资源和交通系统。

珀斯
珀斯市
弗里曼特尔
白胶谷

智慧城市更新系统。最终，这个项目扩大到一个拥有 2.5 万人的整个本地城镇。该项目已经开始监测和试验地区级可更新的能源和水系统，以及如何使用区块链进行点对点交易。弗里曼特尔的所有家庭都安装了监测设备，从而使这个系统能够不断优化。新的电价和水价会在这一结果的基础上做调整。这个项目与前期在小规模项目中积累经验的公用事业公司合作开展，不仅因为这些项目所取得的成功和经济吸引力，还因为它们提供了一种管理分布式能源和水系统的新的商业模式。■

澳大利亚的城市是化石能源的高消费者，目前正在向太阳能转变，珀斯

高密度城市环境设计

世界人口变化趋势表明，城市需要以更紧凑的方式增长。
但是，高密度的城市真的宜居和可持续吗？
为了找到合适的解决方案，我们需要仔细研究城市集约化的负外部性。
从这个角度来看，
环境设计工具可以发挥很重要的作用，就像香港所展示的那样。[1]

****

黄健翔、郭梦迪、张安琪、郝桐平，
香港大学可持续高密度城市实验室（SHDC Lab）

尽管香港的经济竞争力、预期寿命和公共交通全球一流，这个亚洲的世界城市仍然面临着很多环境风险，例如高建筑密度造成的滞留气团、噪声和城市热岛效应，它们长期威胁着城市生活质量和城市居民的健康。因此，香港推出了一个环境方面的城市设计控制系统，以科学精确地保护公共物品（空气、景观等）。设计创新在政府资助的试点项目中进行试验后，再将经验传递给私人部门和全社会。

规范环境城市设计的工具

规章制度、激励计划和自愿准则的结合，为香港环境城市设计的管理提供了依据。"空气流通评估"是一项针对大规模（再）开发项目的监管程序，目的是增强步行尺度的空气流通。开发项目的设计方案需要通过风道测试或计算机模拟，证明其不会阻碍步行空间的空气流动。对于政府投资的大型项目，这已经成为强制性程序，并将影响未来所有的规划。

《可持续建筑设计指南》（SBD）提倡包括建筑间距、建筑后退距离和场地绿地率等关键指标，以加强空气流通，缓解城市热岛效应。对于符合 SBD 标准的建筑，可以获得一定的容积率奖励作为激励。其与香港 BEAM 评估认证相结合。

《城市微气候研究指南》旨在为专业人士提供关于城市微气候的信息和启发。《城市设计指南》在不同尺度上，从美学和功能的角度提高公众对自然环境塑造的认识。一般来说，计算机模拟等技术常用于前期设计中，这一阶段的修正成本比较低。它可以帮助决策者比较不同设计方案的影响，从而确定潜在的问题区域。但是这些技术也用于支撑效果导向的标准，技术结果以可视化的方式展现给公众。诸如可持续高密度城市实验室开发的"城市舒适＋"（CityComfort+）模拟软件可以在精细的时间和空间尺度上评估行人热舒适度和不同的微气候特征。不具备相关技术知识的用户也可以测试各种设计方案的效果。

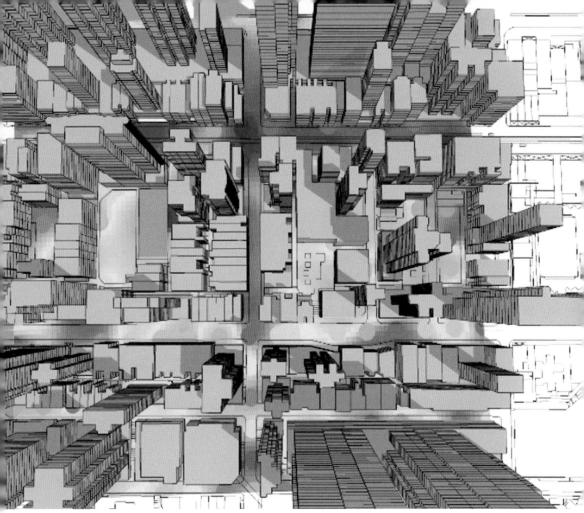

香港西营盘地区的交通噪声模拟

香港，一个高密度城市的实验室

　　香港所取得的成就与其环境城市设计系统密不可分，公共部门在设计创新方面起到了重要的带头作用，他们的经验逐渐渗透到私有部门和全社会。新的技术和传感器使得设计实践者能够凭借科学精确的方式实现目标。对于其他高密度城市来说，香港是一个"鲜活"的实验室，这里的经验和教训让我们相信，如果设计得当，高层高密度的城市环境也能够提供可行的方案，让城市拥有"良好"的密度。■

延伸阅读

BRINGING GREEN AND HEALTHY LIVING TO HARMONIOUS COMMUNITIES THE HONG KONG HOUSING AUTHORITY'S EXPERIENCE
Fung A.（2013）.
http：//bit.ly/healthyLivingHK

"OUTDOOR THERMAL ENVIRONMENTS AND ACTIVITIES IN OPEN SPACE：AN EXPERIMENT STUDY IN HUMID SUBTROPICAL CLIMATES", *IN BUILDING AND ENVIRONMENT.*
Huang J. *et al.*（2016）

"POLICIES AND TECHNICAL GUIDELINES FOR URBAN PLANNING OF HIGH DENSITY CITIES – AIR VENTILATION ASSESSMENT OF HONG KONG", *IN BUILDING AND ENVIRONMENT*, 44（7）, PP. 1478–1488
Ng E.（2009）.

---

1. 这篇文章是巴黎大区研究院在 2018 年 8 月收到的原稿基础上进行缩略的版本。

从汽车导向的城市到以人为本的城市区域？

20 世纪中期开始，
"汽车导向的城市"模式被强加到 19 世纪的铁路城市，
以及前几个世纪的步行城市之上，
推动了城市的蔓延，使城市发展依赖于化石燃料。
今天，
我们正在努力发展紧凑城市、轻车城市，甚至是无车城市。
但是郊区怎么办？
可预期的机器人走上街头又怎么办？
我们的城市的未来会属于人类吗？

****

保罗·洛克哈德，巴黎大区研究院高级城市规划师

尽管围绕道路组织的城市模式对于新兴超大城市仍具吸引力，但20世纪末以来，在发达城市中，这种模式已经遭到挑战。很多城市正试图在不同尺度上通过规划和交通政策结束对汽车的依赖。因此，我们可以看到：

——国家立法禁止在郊区建设购物中心（英国、荷兰、德国）；

——旨在保护自然区域、鼓励城市紧凑发展的长期规划（阿姆斯特丹、哥本哈根、波特兰、香港、首尔、新加坡）；

——大规模交通基础设施投资与城市新的地铁走廊（马德里、哥本哈根、温哥华）、有轨电车线路（斯德哥尔摩、洛杉矶、悉尼）或快速公交专用道（波哥大、里约、伊斯坦布尔、首尔）的开发相结合；

——促进后工业城市提高密度和土地混合利用的政策（巴黎、米兰、汉堡、斯德哥尔摩），有时伴随着高层建筑开发（伦敦、温哥华、圣保罗、上海）；

——整体步行适宜性战略[1]（马德里、慕尼黑、哥本哈根）、短期试验激发的行动（波哥大、旧金山、纽约），或者具有高度象征意义的转变（巴黎、首尔、布宜诺斯艾利斯）。

这些政策在城市中心区取得了一些成功，但是对郊区产生的影响很小，因此增加了城市两极分化的风险。过去10年，关于将街道作为城市宜居媒介的理念出现了 [例如伦敦的"健康街道"（Healthy Streets）]。《全球街道设计指南》[2] 得到了世界各地市长的签名支持，建议在街道设计时将社会需求放在交通需求的前面。

在北美（旧金山、纽约、波特兰、蒙特利尔、温哥华），在欧洲（伯明翰、里昂、列日、乌特勒支、赫尔辛基），在亚洲（首尔），很多城市正在将高速公路改造为更宁静的林荫道和公园走廊，这在交通、城市更新和环境方面都有积极的意义。包括巴黎在内的全球20多个大都市区都在考虑将高速公路改造为市内林荫道。[3]

区域骑行的探索

过去10年，骑行已经发展为一种主要的交通方式。在21世纪10年代的早期，哥本哈根首都地区的23个城镇开始建立由5～30公里[4]不等的路段组成的快速自行车网络，并且成为汽车和火车的另外一个选项。长达170公里的快速自行车道已经建成，一些路段每天使用的人数达到4万（超过许多道路）！到2045年，即将建成746公里的快速自行车道，耗资达到2.95亿欧元，为当地政府带来7.65亿欧元的收益（包括公共健康福利）。这项战略也被伦敦（伦敦交通局每年的自行车预算达1.9亿欧元）、欧洲其他城市，美洲、澳洲和中国的城市所效仿。新的自行车文化催生了一些壮观的建筑（哥本哈根的蛇形桥、厦门的空中自行车道、波特兰的提利库姆桥），但最终的挑战是在所有地区创建一个舒适、安全、连续的交通网络。这是巴黎大区的致命弱点。巴黎大区刚刚通过了一项新的自行车计划，目标是到2021年将骑车次数增加2倍，拟投入资金1亿欧元。

关于自行车的停放也要认真对待：在东京地区，可停放1万辆自行车的自动停车楼并非罕见；乌特勒支支站拥有一个最终容纳2.2万辆自行车的停车场地——可作为大巴黎快线车站建设的参考。这些设施与"以自行车为中心的规划"相结合，融入城市地区的发展中（阿姆斯特丹的斯卢伊斯堡）。自行车所需投资较少，并且能

高速公路的转变标志着城市正在远离汽车

够提升那些汽车难以到达地区的价值，如果自行车与火车结合，还能提升郊区和农村地区的价值。一项研究表明[5]，在欧洲，汽车每行驶 1 公里，需要当地政府支付 0.11 欧元，而骑行和步行每公里则可以分别创造 0.18 欧元和 0.37 欧元的收益。

无车城市？

越来越多的城市正在准备迎接一个不被汽车主导的未来，它们鼓励使用共享汽车并减少停车位数量。伦敦正在计划一个重大转变，改变现有的交通方式，以减轻道路的负载：每一个城市开发项目都必须为实现新版"伦敦规划"的目标作出贡献，即到 2041 年，步行、骑行和公共交通在出行中的占比要增至 80%（2017 年为 63%）。伦敦中心区的面积是巴黎市的 3 倍，这里所有新的地产开发项目都是无车的，即不提供停车位。在纽约，"区域规划"宣称到 2040 年，仅有 20% 的街道允许小汽车通行（现在是 57%），10% 的街道允许停车（现在是 25%）。新加坡的目标是，到 2030 年，75% 的高峰期出行将由公共交通提供（2014 年为 66%），80% 的家庭可以在 10 分钟内到达公交站或地铁站。

新加坡是第一个安装城市道路收费系统的城市，以遏制市中心和某些主要道路上的汽车交通量增长。这一系统即将被基于行驶距离的更公平的 GPS 系统所取代。其他城市也采用了对进入市中心车辆收费的做法，并划定大范围的尾气低排放区，例如，伦敦（自 2003 年）、斯德哥尔摩（自 2006 年）和米兰（自 2011 年）。在奥斯陆、卑尔根和特隆赫姆，这些收费构成了"一揽子交通计划"的一部分，为道路、公共交通、自行车道和步行设施的改善提供资金。经过 20 年的争论，纽约也开始跟随这一做法：纽约州向进入曼哈顿南部的车辆收取通行费，以减少拥堵，并且每年创造约 10 亿美元的收入用于公共交通发展。

交通拥堵费对于减少交通量（可降低 10% ~ 30% 的交通量）和降低污染非常有效，在设立的地方普遍受到欢迎。在法国，从社会和区域角度来看，收取通行费是不公平的，然而，当交通拥堵不加区别地惩罚出行者和全社会时，则收取拥堵费可以促进城市在社会层面上更有益的使用模式，并优先考虑本不具备吸引力的其他方式出行（同时为公共交通筹集了资金）。

为了回应都市人对"宜居"城市的渴望，关于无车城市出现了越来越多的试验性解决方案：在斯德哥尔摩、马尔默和哥本哈根的很多社区，不再允许路内停车：取而代之的是集中的停车楼，其屋顶可用作公共广场或者学校操场。在"无车宜居城市计划"（Car-Free Livability programme）的引导下，奥斯陆计划像意大利的一些城市那样，将中心城区变为一个无车区域。在不来梅和汉堡，居民订阅共享汽车计划，并将庭院腾出来作为花园。赫尔辛基计划通过普及定制多式交通服务，在 2025 年之前废弃私家车所有权。

适宜步行的郊区

自 21 世纪初以来，这些策略与社会和技术变化共同作用，有助于限制发达城市中心区域内汽车的出现、使用和拥有。这些策略使得城市更具活力、更宜居……也更难以负担。但事实证明，这些方法对改变郊区居民的生活没有太大作用，汽车对他们来说仍然必不可少，这种生活方式从经济和生态上都是不可持续的。特别是在巴黎大区，最重要的挑战之一就是让郊区地区变得可步行、可骑行、密度适宜且宜

无车环境。巴塞罗那超级街区中，道路等级转变有利于高质量的公共生活（圣安东尼地区）

居，创造一种以交通枢纽为中心的规划形态，通过火车、快速公交服务、共享汽车计划或定制公共交通等方式，快速可达大都市的就业和服务。[6]

街道上的机器人

在有吸引力和管理不善的大都市区，拥挤的道路和空气污染是一种典型问题。目前，数字应用的爆发式增长（优步，亚马逊，AirBnB 等）加剧了拥堵，同时大仓库造成了农田的人工化，数据中心加剧了全球变暖。未来会怎样？数字革命给我们的城市带来什么影响？无人驾驶汽车将是一个颠覆性的因素。数字巨头和汽车制造商强调了无人驾驶汽车在城市中的应用潜力：更少的交通量、更少的拥堵、更少的污染和交通事故、汽车停车场的改造、道路恢复透水性以降低城市温度、更容易获得的医疗，等等。尽管在法律、安全、道德方面对无人驾驶汽车已有广泛讨论，但城市生活的很多风险仍然相对未知：谁来定义约束机器人车辆、非无人驾驶汽车和人类之间共存的算法？面对大型跨国公司，地方政府和市民会有发言权吗？城市空间

会受制于这些机器提出的"要求"吗？城市会变得非人性化吗？人类会失去对环境的控制吗？此前，基于技术理想的承诺并没有兑现。疏通河道，以及填埋污染水域的方法，既不能降低洪水风险，也不能减少水污染。汽车并没有像很多 20 世纪的美国专家认为的那样，通过让城市居民住在农村来拯救城市：汽车差点毁灭了城市！建设更多的道路和高速公路也没有缓解拥堵：事实上，完全相反。

如果我们想要创造一个以人为本的城市未来，这些话题值得我们仔细思考和讨论。∎

1. 参见 WALK21 网站，https://www.walk21.com/.
2. *Global Street Design Guide*，Global Designing Cities Initiative，NACTO，Island Press，2016.
3. LECROART Paul，"Reinventing Cities：From Urban Highway to living Space"，*Urban Design* #147，Summer 2018.Also：*La ville après l'autoroute. Études de cas*（New York，Séoul，San Francisco，etc.），IAU îdF，2013—2016.
4. *Capital Region of Denmark：Cycle Superhighways*，Office for Cycle Superhighways，2019.
5. GÖSSLING，Stefan *et al. The Social Cost of Automobility*，*Cycling and Walking in the European Union*，Ecological Economics，Vol. 158，April 2019，p. 65-74.
6. Les Cahiers n° 175，*La vie mobile. Se déplacer demain en Île-de-France*，September 2018.

奥林匹克公园（现为伊丽莎白女皇公园），伦敦

奥运会作为一站，但不是终点

2000 年伦敦的市长竞选使得伦敦申办 2012 年奥运会和残奥会成为可能。
大伦敦地区终于拥有了一位统一的政府领导，
能够代表 33 个区提交申办申请。
但是，
一届奥运会的成功举办需要什么条件呢？
我们来回顾一下伦敦的经验。

****

理查德·布朗（Richard Brown），伦敦中心研究主任、前大伦敦管理局奥运项目总负责人

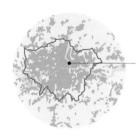

伦敦

女王伊丽莎白公园和东岸

肯·利文斯通是 2000 年获选的伦敦市长，支持伦敦申办 2012 年奥运会。尽管一开始他也对奥运会的积极作用持怀疑态度，但很快就认可了申办奥运会不仅仅是为了体育。利文斯通市长说，如果申办奥运会能够聚焦斯特拉特福德周边地区，并为其带来所需的投资，他将大力支持。斯特拉特福德是一个工业区，就在伦敦市中心和金丝雀码头金融中心的视野之内，但也是英格兰最贫穷的地区之一。所以从一开始，奥运会就只是一站，而不是终点。

2004 年，利文斯通市长和布莱尔政府达成协议，为申办奥运会提供资助，委托编制的总体规划展示了该场地如何容纳紧凑的奥运区（这是国际奥委会的重要考虑），以及赛后这一地区将如何使用。每处场馆要么是临时性的，要么有明确的长期用途，其余的地块将用于建造住房。由利文斯通市长和政府成立的申办公司向国际奥委会展示了这些计划，以及伦敦作为开放的全球首都的形象；伦敦讲述着 300 种语言，在这里每个代表队都会得到支持。

2005 年，伦敦成功获得举办权后的几周内，启动工程就完成了委托，但是，很快人们便发现申办期间商定的 24 亿英镑预算是不够的；该预算低估了成本，高估了可获得的私人投资数额。由英国政府、伦敦市长、组委会和英国奥林匹克协会组成的伦敦奥委会审查了预算，同意将数额修订为 93 亿英镑，包括大规模的应急资金储备。

由于时间紧迫，我们建立了基于成本加成的合同结构，并伴有按时间和预算交付的激励措施。有三个项目出现了问题：原计划新闻广播中心和奥运村都将由私人开发商出资，然后在奥运会期间租给组委会。但是由于 2007 年至 2008 年金融危机爆发，这些项目不得不转而由政府部门出资建设。同时，由一个足球队部分出资建设的体育场的后续用途一直没有定论，最终迫于时间压力，设计成了拥有 2.5 万个座位的田径场（这是由申办公司和组委会主席塞巴斯蒂安·科向国际奥委会做出的坚定承诺）。

到 2008 年，在场馆建设过程中，新任市长鲍里斯·约翰逊开始筹划一个奥运后续利用机构来接管下一阶段的事务。伦敦场馆后续开发公司于 2012 年初成立，2012 年 9 月接管了奥林匹克公园和场馆的改建工作，同时提出了一些让本地居民和企业从该地区经济增长中受益的计划。此外，由于政府给出了坚定承诺，在残奥会结束一年后重新开放奥林匹克公园的部分地区，奥林匹克建设项目的势头得以保持。

与此同时，约翰逊通过对奥林匹克公园提出更高的目标，在住房和保留的体育场馆旁边建设新的大学、舞蹈工作室和博物馆，来回应奥运会的成功和斯特拉特福德的奥运区转型。这些规划起初被接受古典教育的约翰逊命名为"奥林匹克城"（Olympicopolis），现在被继任者萨迪克·汗重新命名为"东岸"，预计将于 2023 年全部建成，最后几栋住房将在之后几年内建成。

伦敦当时的战略和结构并不，甚至远不完美，事后看来，有些决策可以不一样。但该地区仍然受益于长期而共同的愿景、政治韧性，以及对成本、时间、风险的明确态度。斯特拉特福德的变身正在进行中，但终点仍在我们前面。■

文化：城市再生的驱动力

文化在大都市地区城市再开发项目中是具有决定意义的因素之一。
文化普遍被视为复兴工业衰退地区的一种途径，
同时逐渐成为吸引高管和大公司的一项重要因素，
但有时需要付出的代价，
是牺牲了艺术家和本地居民便利的居住和工作空间。

****

马蒂厄·普林（Matthieu Prin），世界城市文化论坛；

卡琳·卡莫斯（Carine Camors），社会经济学家；

奥黛尔·苏拉德（Odile Soulard），巴黎大区研究院经济学家

知识经济的兴起、文化和城市旅游业的发展，以及"创新产业"的出现，更不用说最近强调的文化作为一种吸引商业的手段——所有这些新变化都让人们开始关注文化在城市发展中的地位。文化能够形成一种场所感和社会空间，增加城市对高端人才和相关企业的吸引力，从而激发城市长期的经济和社会发展。

从 20 世纪 90 年代开始，文化就和城市再生联系起来，特别是在后工业城市。艺术家和文化专家受低廉的房租和城市中心生活的吸引，往往首先搬入那些被忽视的地区，并将城市"禁区"变成充满活力的、时尚的工作区和生活。越来越多的城市发起了吸引创意企业和文化机构进入工业衰退街区的计划，布宜诺斯艾利斯成功实施了近 20 年。

艺术家是后工业城市再生的关键参与者

布宜诺斯艾利斯的"主题街区"计划

阿根廷首都是拉丁美洲乃至世界重要的文化中心。剧院、图书馆和文化场所的人均拥有量超过全世界的其他城市，除此以外，还有许多的免费活动和节日。世界探戈节暨世界杯、国际爵士节、国际独立电影节和国际书展，每年都会吸引众多游客前来参观。政府为很多培训项目、激励措施和竞赛提供支持，以此鼓励创新，并将艺术政策视为增强社会包容性的重要手段。

文化和创意产业是城市经济的重要贡献者，但这类产业往往聚集在特定区域，使得城市的其他地区缺少文化服务。近年来，布宜诺斯艾利斯制定了一项政策，既积蓄了城市中的创意人才，又通过规划振兴低收入或待开发的城市街区。"主题街区"计划通过税收优惠和补贴，吸引特定企业到城市特定地区。这项政策聚焦城市的优势领域，即能够创造高附加值就业和出口的行业。

这项计划开始于 2001 年的巴拉卡斯设计街区，这个位于市中心的街区生动展示了去工业化时期城市中一个制造业街区的黯淡命运：环境恶化、公共设施老化、投资减少、居民逐渐贫困。该项目的关键目标是城市复兴和可持续性。项目的核心是将一个鱼市改造成一个 1.45 万平方米的大都市设计中心。目前，该中心设有支持设计、创意产业和对外贸易的政府办公室，还设有 70 个孵化企业所需的工作空间、报告厅、教室、工作室、实验室、展览展示空间、专业图书馆、博物馆和文化中心。设计中心定期向社区开放博览会和国际化的设计活动，并为缝纫和皮革等行业的未就业人员提供免费培训课程。这项计划帮助布宜诺斯艾利斯赢得 2005 年"世界设计城市"的称号。

主题街区对设计产业和巴拉卡斯街区再生的影响力，使布宜诺斯艾利斯确信创意聚集区可以成功实现城市复兴和增长。2008 年以来，布宜诺斯艾利斯又发起了三个聚集区，分别聚焦视听产业、信息技术和艺术领域。

最新的计划于 2012 年开始实施，聚焦视觉艺术、表演艺术和出版业。这项计划将发展艺术产业，提升基础设施，并通过大量补贴吸引企业进入聚集区，增加获取文化活动的机会。这个街区现在有诸多具有文化吸引力的机构，例如普罗阿基金会艺术馆（Fundación Proa）、艺术馆（Usina del Arte）、现代艺术博物馆、当代艺术博物馆、艺术学校和其他文化机构。艺术馆是一个文化引领城市再生的好例子。新艺术馆位于城市南部的拉博卡中心地带，由一处电力公司的旧址改建而成。这座建筑包括数个大厅和剧场，还坐落着该市第一个交响音乐厅。随着项目的推进，城市文化局联合其他部门活化了更大的区域范围，使这一带更安全，交通更便利，并促进了游客的参观游览。

这四个产业聚集区对经济产生了重要的影响，其社会影响也不容小觑。这些聚集区促成了更好的基础设施和公共交通、更多的文化和创意产业就业。为了满足新企业进驻营业的要求，区域内的建筑得到修缮，艺术和创意学科的培训得到加强，公共空间质量和安全普遍改善。

布宜诺斯艾利斯政府打算继续推进文化去中心化的议程，在城市中以往被忽视的地区设置文化场所，从而提高弱势社区的生活质量，创造更多的机会。

大都市的文化项目

香港／艺术空间计划：创造更多可负担的艺术家工作室

香港是世界上人口密度最高的地区之一，房价同样很高，这意味着艺术家们可以负担起的工作室非常短缺。2014 年由香港艺术发展委员会（HKADC）创办的 ADC 艺术空间，是香港第一个艺术空间项目。该项目位于香港岛南部工业区一栋旧的私人工业建筑内，现在则是蓬勃发展的画廊和艺术场所聚集区。这个项目是合作式的，与私人业主签订的协议同意接受低于市场价的租金。

多伦多／常绿砖厂，让市民通过艺术参与环境可持续问题

"常绿砖厂"（Evergreen Brick Works）将一块废弃的工业用地改造成一处领先的社区公共设施，可以探索自然如何让城市变得更加宜居。这个项目包括一处 40 英亩（16.19 公顷）的公园和 15 栋工业遗产建筑。加拿大联邦政府最近宣布，将进一步向"常绿"提供资助，用于支持将其中一栋建筑改造为文化活动场所。改造后的遗产建筑将由艺术家工作室、会议空间和一些增强的公共艺术装置组成。

深圳／蛇口价值工厂，从制造工厂到创意工厂

深圳从小渔村向超大城市的快速转变意味着文化和创意产业空间的不足。蛇口价值工厂 I-FACTORY 是位于蛇口港的一个文化创意园，旨在成为新城市文化的诞生地。园区位于一处改造的工业遗产地，保留了巨大的混凝土筒仓、烟囱和机房。这些独特的历史建筑已经成为公共场所。蛇口价值工厂是更大的工业设计港项目的试点，该项目打算通过改造港口地区的旧工厂使这片区域重现活力，助推文化和创意产业区的发展。

首尔／街头艺术创意中心，将工业遗产改造为街头艺术中心

首尔文化设施数量有限，且地区分布不平衡，特别是缺少街头艺术工作室和排练场所。不太受欢迎的艺术类型面临着最严重的文化基础设施短缺。首尔街头艺术创意中心于 2015 年开放，为街头艺术和马戏团艺术提供设施、专业发展和培训计划。这座艺术创意中心建设在一处过去的取水站里，同时保护了这一重要的工业遗产。这是首尔都市区政府的项目，由首尔艺术文化基金会规划和运行。

维也纳／F23 无线工厂，新区文化设施的发展

维也纳的人口规模在 10 年内增加了 11%。维也纳外围的第 23 区是最新建设的地区，在 8 个村庄的基础上形成。因此，

大都市区文化项目：多伦多，常绿砖厂（上图）；深圳，蛇口价值工厂（中左图）；首尔，街头艺术创意中心（中右图）；布宜诺斯艾利斯，大都市设计中心 CMD（下图）

区内没有真正的中心。村与村之间的地方过去是工业区，但是现在很多工厂已经倒闭或搬迁了。第23区缺少文化设施，并且需要发展社区认同。F23正在接受一个旧工厂，并将其改造成区内的文化中心。在18个月里，已有超过4万人参与到在此举办的临时文化项目中。这是一个高度合作式的项目，参与方包括IGF23（非营利组织）、维也纳多个政府部门、中心所在地区的政府官员，以及各种文化项目和合作伙伴。迄今为止，F23受到了当地社区的好评。

过去的工厂：文化的机遇

关闭的工厂、废弃的机库、空置的仓库……随着世界城市适应了新的经济现实，漫长的去工业化进程遗留了大量空置的建筑。旧工业区面临着传统就业和经济来源的丧失，很容易陷入荒废，而留在这里的居民面临着越来越多的社会问题——失业、贫困、犯罪等。但是，从生产或是消费的角度来看，这些地区也为当地政府提供了大量的文化活动机会。21世纪以来，将旧的工业地区改造为新的艺术和文化设施非常普遍。因为世界城市需要新的、形式灵活的文化基础设施来放置21世纪数字艺术家的多媒体艺术作品，重新利用空置工厂和仓库成为最常见的策略之一，既为当代文化作品提供了空间，又保护了工业遗产。仓库较高的净空、较高的极限负载和较少的内部空间限制，也为文化和艺术创作提供了最合适的"阁楼创作"条件。

但是大都市地区面临的挑战仍然很多，"世界城市文化论坛"（World Cities Culture Forum）正在分析这个话题。世界城市文化论坛创立于2012年，目前已经拥有来自全世界的38个成员城市，包括伦敦、纽约、上海、巴黎、首尔、悉尼、东京、华沙等。通过汇集这些城市的文化专长和知识，参与者创建了一个独特的研究和政策平台，探讨文化在城市中所起的作用，并针对城市面临的挑战，加强政策应对。[1]

其中一项挑战就是文化项目空间的日益短缺。尽管文化在城市复兴中的作用已形成国际共识，但是在大都市地区，将大型空置工业空间用于文化生产的可能性日益受到全球房地产市场的威胁，因为土地所有者更愿意将仓库转化为利润更高的住宅。这种对工业空间的侵蚀，以及进而对文化生产的侵蚀，严重影响了一个城市整体的创新能力和经济活力。一个健康的、实验性的文化创意场景，可以为新理念向其他社区和产业渗透提供肥沃的土壤。可负担的工作空间不足，使城市无法培育新的、大胆的和开创性的观点和事物，可能形成扼杀创新的城市环境。■

1. 上述案例是以世界城市文化论坛完成的工作为基础的，巴黎大区研究院是其创始成员之一。

预计新的阿斯彭湖滨地区将有 2 万居民和多达 2 万个工作岗位

城市宜居性：维也纳模式

维也纳被评为"世界最宜居的城市"之一。
这可能与城市长期以来对住房的可负担性、住房质量、公共交通、教育和健康事业，以及城市竞争力的公共投资有关。
当然，这种模式有其局限性，
维也纳仍需创新：
2022 年即将在维也纳举办的国际建筑博览会（IBA）可能为城市提出新的社会住房解决方案。
在大都市区层面又该如何去做？

****

尤金·安塔洛夫斯基（Eugen Antalovsky），维也纳城市创新有限公司总监

19 89 年的东欧剧变，不仅标志着对于维也纳来说最重要和最具影响力的地缘政治中断，还重塑了维也纳在欧洲的位置，并为城市发展开辟了新路。如今，经过了持续 30 年的人口增长，维也纳仍在不断发展，成为中欧和东南欧一个充满活力和成功的全球城市。有鉴于此，"美世生活质量调查 2018"（Mercer's Quality of Living Survey 2018）连续九年将维也纳列为全世界生活质量最高的城市。这一奖项表彰了城市的专业性和综合管理能力，以及城市在创意、创新和可持续发展方面的政策和举措。

在过去的 30 年里，维也纳经历了多个发展阶段：20 世纪 90 年代初，维也纳从西欧边缘一个衰落的城市发展为一个全新的欧洲腹地新兴城市，同时面临着经济和城市发展方面最基本的挑战。1995 年，奥地利加入欧盟后，维也纳市政府开始在新的背景下制定长期发展战略。城市重点关注了可持续性问题，并且在可负担住房和城市更新领域采取了全面行动。2005 年以后，维也纳着力应对城市快速发展中的挑战，并实施了一系列重大项目，推动维也纳成为国际知识中心。2010 年以来，维也纳的任务是要提高国际竞争力和经济竞争力，以及实施全面的智慧城市战略。与此同时，市政府和市民要面对大规模难民涌入的挑战，以及政治领域对"开放城市"概念的质疑。

对品质、可负担性和竞争力的公共投资

这一段发展历程很好地展现出，市民、移民、政治家，以及来自商业、科学和管理方面的专家联合起来，成功地将一个衰落的城市转变为充满活力的、全球化和包容性的城市。这与维也纳持续的高水平公共投资模式相关，包括公共交通、可负担住房、可再生能源、教育和高标准的全民医疗服务。对于社会包容性、公共服务等符合大众利益的方面，公共部门的承诺和责任使市民、投资者、企业家和人才能够发挥他们的创造力，并过上高质量的生活。

维也纳以其综合多样的公共交通系统而闻名。在《城市发展规划 2025》和《智慧城市战略 2050》中，维也纳提出要使可持续的城市交通水平再上一个台阶。有两个优秀的项目可以说明维也纳是如何通过特定的交通措施提高生活质量的：第一个例子，从 2012 年起，维也纳的公共交通年票价格降低到 365 欧元，促使目前拥有公交年票的居民人数（76 万）超过了拥有汽车的居民人数（69.3 万）。[1] 第二个例子，在开发大型新区——阿斯佩恩塞斯塔特湖滨地区时，首先启动建设了一条新的地铁线，该线路在第一批住宅交付之间就已经完工。

另外，维也纳越来越关注科学和研究部门。作为欧洲德语区规模最大的大学城，维也纳拥有近 18.6 万名学生，并且非常重视将科学和研究作为城市发展和经济增长的孵化器。维也纳经济大学（WU）新校区坐落于休闲区"维纳普拉特"，于 2013 年竣工。昔日的"红灯区"和"工人区"变成重要的孵化器，成为富有吸引力的新兴研究、商业和住宅区，这一地区及周边产生了大量新投资。

维也纳

阿斯佩恩塞斯塔特（湖滨地区）

维也纳经济大学新校区

维也纳的新城开发遵循整体性的方法，根据一系列相互关联的原则进行规划，而这些原则可概括为一句话："一个对儿童有益的城市对每个人都有益"。就这一点而言，共享和公平使用的绿色开放空间是城市环境形态的核心——从零开始的建设更容易满足这一要求，但建成区也遵循这一原则。高质量的城市环境意味着新区从一开始就应规划可负担的、充足的社会基础设施，例如幼儿园、学校和医疗保健服务。

坚持高标准社会住房政策

在全世界，可负担的住房已成为一项关乎城市高质量生活越来越关键的因素，也是所有规模日益增长的城市所面临的挑战。自2000年以来，维也纳人口增长了30万，目前达到187万，并将在未来10年内增长到200万，这对住房部门来说是一项挑战。此外，由于人口净流入，维也纳是一个高度多样化的城市——近50%的人口有移民背景，这也成倍增加了住房需求的多样性。

为了妥善应对这两个趋势，维也纳需要进一步发挥长期的社会住房和可负担住房政策传统。因此，市政府持有约22万套公寓，可出租给中等和低收入居民。此外，维亚纳补贴合作住房，这类住房主要由限制利润的房屋建设协会提供。多年来，维也纳市政府累计补贴了约20万套合作住房单元（这些补贴直接发放给房屋建设协会，并且有需求的租户必须符合规定的收入范围）。

通过市政住房和合作住房支持中低收入居民，避免社会隔离，这是维也纳的社会政策理念。在这一模式下，目前，大约60%的维也纳家庭住在政府补贴的公寓中，

2016年维也纳的住房占用情况

5% 其他
33% 私人租房
6% 产权房
77% 的存量住房出租
12% 共有产权房
20% 合作住房
24% 政府租房（公租房）

近80%的新建住房是政府补贴项目。再加上租金法，该法规定了1945年以前建成房屋的指导价值和租金上限，维也纳家庭的平均房屋租金和维护费用占消费支出的比例相对较低：2010年每个家庭的消费支出中，约14%用于房屋租金和维护费用，但这一比例在2015年上升到17.3%[2]，反映了来自房地产市场的压力在增加。

60% 的维也纳家庭住在补贴住房里

政府补贴是维也纳住房政策的支柱。2010年至2017年期间，维也纳每年在新建住房上花费3亿~5亿欧元，在城市更新和住房翻新项目上花费1.6亿~3亿欧元。此外，政府大约提供约5000万欧元个人住房津贴。1984年以来，政府在住房翻新和整修方面累计投入约55亿欧元公共资金。这些投资不仅增加了城市中可负担住房的数量，还为几代人提供了住房存量，对劳动力市场产生了积极的影响。

维也纳土地采购和城市更新基金（wohnfonds_wien）是实施各种住房计划的关键操盘手。该基金成立于1984年，

22万套存量市政公寓按照现行标准进行定期翻新
（Drorygasse 的建筑）

维也纳的新房开发多数与优质公共空间相关
（新 Aspanggründe 地区）

主要职能是为国家补贴的住房建设项目提供土地，以及监管老旧房屋的修缮。作为一个有限营利组织，该基金协调地产开发商、业主、市政部门和维也纳市政服务中心，对有发展潜力的土地实行针对性的购买策略，降低了维也纳房地产市场的基础成本。为了保证和改善住房的最高质量，该基金实施了所谓的"四柱模型"，包括建筑、生态、经济和社会可持续性。遵循这一标准，每个补贴住房建设项目要受到

土地咨询委员会审查，或参加公开的地产开发竞赛。

社会住房的未来——2022年维也纳国际建筑会博览

可负担住房和社会住房大多被视为完全的公共事务，仍然属于公共责任的范畴。但这种做法与削减公共预算，以及要求政府退出干预房地产和住房市场的呼声不太相符。维也纳正在筹备2022年国际建筑博

城市蔓延和大都市区的问题

由于维也纳人口的持续增长，可负担的住房在未来仍是一个关键问题。增长不仅局限于维也纳市内，还包括郊区，但与市中心的发展方式迥然不同。城市蔓延占据了主导地位，对土地使用和通勤交通产生了负面影响，可开发的新居住区非常有限，并且居住在都市区外围的居民预期与城市不同，因此增加城市蔓延地区的密度比市内困难得多。

尽管相比于其他欧洲城市较为滞后，但问题和机遇的压力也在日益增长，在政治和规划层面上，向"功能性大都市区域"转变的思维是显而易见的。如何在整个城市群以及超越所有行政边界和空间类型的范围内提高城市密度，发展智能交通和可负担的住房，将是未来10年维也纳及其郊区政府需要解决的重大问题。■

览会（IBA），主题为"新社会住房"，探索和测试可负担、可持续住房的新形式、新质量和新试点，包括智能住房、零能耗住房，以及新融资模式等。关于促进私人资本能够通过建造负担得起的、针对性的租赁住房，发挥社会责任的相关讨论，将成为维也纳大会的一项议题。各项参展活动都将围绕"新社会社区"、"新社会品质"、"新社会责任"三个核心主题展开。

---

1. 2016 年 12 月。

2. https://www.wien.gv.at/statistik/wirtschaft/konsum.

诺克斯特拉斯居民点，汉堡

为难民而规划

让移民融入城市，是大城市基因的一部分。
随着政治不稳定性和气候风险的加剧，
城市可能不得不应对不断增加的难民流入以及更好的社会和经济融入需求。
德国和瑞典主要城市的经验表明，
从短期和长期来看，有一些方式可以应对这一需求。

****

玛丽·巴利奥（Marie Baléo），城市工坊（La Fabrique de la Cité）出版人

城市工坊是一个城市创新智库，几年来一直在探索城市韧性的话题，即城市抵御和适应突发事故和长期压力的能力。2017年我们启动了一项研究，重点关注欧洲城市如何应对自2015年以来大规模难民涌入的问题。我们特别注意了德国和瑞典的城市：德国城市不得不应对德国联邦政府作出收容89万难民的决定；在瑞典的斯德哥尔摩，公共住房系统经历了严重危机，这也是一个有意义的案例研究。

汉堡、慕尼黑和斯图加特的共同点是对待移民的长期欢迎态度。这或许可以解释德国城市在解决这一紧急收容问题时的处理方式——提供临时住房，同时保证新移民能够留在德国，并且承诺（特别是在汉堡）任何寻求庇护者都不会露宿街头。

为了应对紧急收容的挑战，德国和瑞典的城市采取了两个策略。第一个策略是利用非住宅类建筑：柏林利用了体育馆、学校、旧厂房、展览中心和旧滕珀尔霍夫（Tempelhof）机场的机库，在危机最严重的时候，旧机场曾庇护过2500人。在斯德哥尔摩，由于规定调整，旧教室或者退休之家不再允许容纳老年人居住，改为收容难民。第二个策略是在政府持有的空地上建设低成本的、轻便的、拥有标准化结构的住房。

在居住时间较长的临时住房，寻求庇护者有时停留18个月以上，但它仍然是一种不会用于长期居住的临时住宅：高度标准化，容纳人数可变，使用寿命较短。这正是汉堡诺克斯特拉斯居民点使用的解决方式，是在联邦政府拥有的土地上仅用8个月的时间建设的灵活的居住单元，2017年2月容纳了648位寻求庇护者。我们特别关注难民的社区生活，以及如何帮助他们融入社会：有可能发生冲突的种族和宗教社区分开安置；为有小孩的家庭提供一楼的住处，方便家长随时照顾在户外玩耍的孩子，社会工作者每天上门提供服务等。

另一种方式是在永久建筑内提供临时的住宿，这些建筑未来将成为城市住房的一部分，用于容纳其他类型的居民，如学生、老人、家庭等。在柏林，参照学生宿舍建设的住房已经落成，未来将用作社会住房。■

城市工坊智库与可负担的住房问题

城市工坊将研究人员、决策者、政府官员、规划师、建筑师、企业家和投资者聚集在一起已有10年，重点关注交通、建成环境、能源、数字技术和使用方式等问题，制定符合未来城市共同愿景的发展原则。我们运用多学科和国际视角的集体智慧，提出建设城市、更新城市的新方法。

关于可负担的住房研究也是采用这种方法。几个月来，我们与巴黎、伦敦、柏林、慕尼黑、斯德哥尔摩、波尔多和华沙的专家会面，了解这些城市住房危机的根源。我们在这些对话的基础上形成报告，展现了住房危机的许多方面，包括：慕尼黑交通和住房之间的复杂关系、巴黎市中心城市密度增加的局限性、斯德哥尔摩公共住房制度的失败等。这项工作已经在波尔多政府举办的研讨会上公开发表，我们邀请欧洲住房领域的重要人物帮助起草了一项目标驱动、基于创新与合作的方法框架，城市应当运用这一方法，以应对大都市区住房的重大挑战。■

塞西尔·梅索内夫（Cécile Maisonneuve），

智库主席

延伸阅读

EUROPEAN CITIES AND THE REFUGEE SITUATION
Bᴀʟᴇᴏ Marie，La Fabrique de la Cité，November 2018.

IN SEARCH OF AFFORDABLE HOUSING: A EURO-PEAN CHALLENGE
Bᴀʟᴇᴏ Marie，La Fabrique de la Cité，January 2018.
www.lafabriquedelacite.com

第四部分
展望

****

　　未来由城市组成的世界会如何呈现？城市能否携手应对地缘政治和气候威胁？在国际网络的支持下，城市在全球竞争中重新找到定位，创造新的治理模式。新形式的公民参与不断涌现。私人投资者和数字巨头正在城市开发中发挥越来越重要的作用。镇、城市、地区和国家之间的合作不断被强化，合作的领域是广泛和多样的。全球城市的未来会发生怎样的变化？巴黎大区能否定义一种具有其自身特殊魔力的发展模式？

矗立在东京湾的自由女神像复刻品、受埃菲尔铁塔启发的东京塔
摄影：LUCAS VALLECILLOS

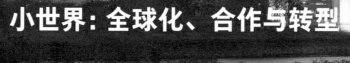

小世界：全球化、合作与转型

城市是经济、政治和公民等参与者之间发生冲突的地方，
他们创造了各自的治理模式，并构建了全球尺度的网络。
城市之间必须加强相互联系，
以保持在全球社会和经济创新活动中的位置。
它们能够携手行动起来，共同应对地缘政治和气候危机吗？

****

里奥·福库奈，巴黎大区研究院政治学家、城市规划师早在 1963 年，弗朗西斯科·罗西的著名电影《城市上空的手》就描绘了城市作为地产投资商、居民和地方民主政治面对面的竞技场。随着大都市化进程的推进，类似剧情正在新的全球背景下不断上演。

"大都市化"的概念描绘了大城市在全球经济体系中的角色，聚焦治理方式转型和大都市地区城市开发的影响。全球化、第三产业化和商业金融化使当今的大都市成为战略区域，这要归功于它们有能力聚集服务、技能，吸引人口、信息和资金的流入。出于同样的原因，这些城市自然而然地成为新经济主体创立的地方。这也解释了理查德·佛罗里达所谓的大城市从"衰退危机"转向"成功危机"。[1]①尽管在 20 世纪 70 年代，一度出现了缺乏吸引力、贫困加剧以及城市破产等问题，这些城市如今却是吸引"大都市高管"和"创意阶层"的磁石。取代郊区化蔓延，投资前所未有地向大都市中心地带集聚，同时伴随着各种社会和区域问题，例如炒房和住房成本飞升，社会隔离加剧等（详见伊曼纽尔·图雅的文章，第 154 页）。

全球化正在城市肌理上做标记

城市中的私人利益相关者

私人利益相关者在城市融资中的重要性——无论是在投资办公楼、房地产开发，或是开办私人博物馆或商业设施方面，都已并非罕见。在 20 世纪 80 年代，多米尼克·罗琳（Dominique Lorrain）注意到城市公用设施的私有化现象，越来越多的城市公用设施转由大型公司运营。[2]路德维克·阿尔伯特（Ludovic Halbert）也指明了金融市场在城市生产中的关键作用，这与传统的依赖公共决策的路径是背离的。[3]大都市化导致了城市

开发的全球融合和趋向一致，伴随着城市融资模式的传播和标准化而产生，模式由主要的全球化参与者制定。

这一进程似乎正在加快。在那些过去主要由地方经济生态主导投资的地区，目前正在出现"断联"的问题。伦敦的房地产投资是由地方需求所决定，包括迁移到伦敦的国际公司，还是说主要回应寻求投资的资产流动性的预期（详见玛蒂娜·得罗兹的文章，第 159 页）？换而言之，是不是那些大都市的房地产市场动态与迪拜越来越相似，为外部资金利益所控制，而不是在本地经济环境下与本地居民相应的需求相关联？

另外一股主要的变革力量来自城市管理的新参与者——数字平台（详见伊莎贝拉·巴罗德-塞法体和雷纳德·勒·乔沃的采访，第 164 页）。公共服务不再由政府公共机构决定和授权，取而代之的是远比地方政府更具技术和资金资源的跨国公司，由它们来判断和定义公共服务。私有化不仅向公共空间延伸，也在进入个人数据。

各种尺度的合作

在这一背景下，地方政府的决策能力，以及大都市的民主现实正在遭受挑战。大都市已经意识到这种来自国际私人利益的挑战，并将其转化为一种资源。由大都市组成的国际网络可以共享最佳实践和传播模式。它们也可以动员起来，在地方和全球政治环境中采取行动（详见艾瑞克·尤布莱切和罗拉·戴维森的文章，第 168 页）。这些网络如今把大都市放在了地缘政治的地图上，而这些地图过去是为国家准备的。比如说，我们可以看到，在美国有一个"我们还在"（we are still in）的城市组织，它

市民聚集在人居三大会现场外，基多，2016 年

反对唐纳德·特朗普退出《巴黎协定》。在一些特别发达的超大区域环境下也存在这种情况，例如位于北欧波罗的海区域的城市正在为共同愿景而努力（详见道格拉斯·高登的文章，第 172 页）。

但是我们也不能误判：城市环境问题在世界事务中的重要性是有共识的，2016年在联合国见证下签署的《新城市议程》（"人居三"）提醒我们，国家层面仍然保留控制权。城市是不受国际法约束的，仍然不能在多边谈判中发挥全部作用。

城市从国家背景中脱离出来的过程也是一种政治批判和冲突的来源。英国脱欧公投的地理分布显示出，投票给"留欧"的城市和英国其他城市之间存在分歧。即便是法国和欧洲一些特定地方的农村地区保持繁荣，城市仍然是全球化竞技中的大赢家——但面对郊区和农村地区的危机，城市现在需要在区域尺度上展开合作。这种情况在法国特别突出，"黄马甲"运动就是根植于一种对大都市长期的不信任传统。法国对于城乡区域平衡问题的特殊敏感，可以解释为何法国政府在区域治理和区域间合作方面如此有创意——产生了interSCoT（一种区域合作计划）、城乡互惠协议、大都市枢纽、国家与城市合约等诸多政策工具。[4]

加拿大蒙特利尔、墨西哥瓜达拉哈拉和挪威奥斯陆等在大都市治理方面拥有先进经验。意大利的博洛尼亚大都市区在"新区域主义"的背景下正在实施一些很有意思的行动；在德国，大都市区（Metropolregionen）把地方政府和经济参与者在大范围、灵活的组织中联系起来。

向零碳交通的转变可能会为城市高速公路开辟一系列新的用途。艺术家眼中大巴黎未来道路系统的竞赛，大巴黎论坛，2019 年

民主创新

在很多情况下，区域政府愿意回应大都市地区与外围城镇或乡村地区寻求团结的诉求，并作为转型进程的一部分。也有一些地区在寻找更加本地化的解决方案。当拥有数千万人口的超大城市成为现实之时，又怎能不这样呢？拉丁美洲主要的联邦国家更加主张寻求强化首都的权力下放。例如，在墨西哥城，大都市地区政府的民主化（现在与联邦国家权力脱节）与各市政当局提高独立性齐头并进，现在称为（民选市长的城镇）alcaldías。

挑战地方当局的运行方式也出现了更加激进的形式，包括质疑公共决策的首要地位，以及允许普通群众更直接地发挥作用。无论是"战术型和协作式规划"（详见

保罗·洛克哈德的文章，第 174 页）、"场所营造"，还是伴有"公民科技"的数字化入侵，挑战既是将用户经验融入项目和城市管理，也是向本地居民赋权。民主实验不仅局限于本地邻里之间的个别倡议，还包括本地行动可以参与大都市的关键问题，例如水、能源生产，或者房地产市场的运作。这意味着最终要使地方政府对公民社会更加开放。该运动被称为"新城市自治主义"〔受美国散文家穆瑞·布克勤（Murray Bookchin）20 世纪 70 年代作品的启发〕，在 2015—2019 年期间最为活跃，公民集体在西班牙大城市（例如，马德里和巴塞罗那）的议会选举中获得了席位。

在国际舞台上，在技术合作方案中，这些加强大都市政策的民主维度是广泛存在的（详见保罗·洛克哈德的文章，第

174 页），例如国际技术人员、专家和研究人员协会（AITEC），或者联合城市和地方政府（UCLG）等政治提议。

城市的未来

大都市化导致相关参与方工作的国际化，以及经济、制度和公民利益之间的新平衡。但是，随着 21 世纪的不断向前，在政治和地理方面可能回缩或分裂的世界中又会发生什么呢？在一个自由贸易受到挑战、重回边界和国家框架的

草根运动正在挑战全球化的影响

背景下，城市将会发挥什么样的角色（详见对帕特里克·勒·盖勒的访问，第 190 页）？在气候变化和能源受限的时代，这些城市网络未来会向什么方向发展？

人口预测表明，城市地区以及相应的创新和贸易潜力不仅转移到印度和非洲的大城市（详见第 194 页的地图和数据），而且转向更广大的中等城市。这些场景，甚至是范式，都不是唯一的——在"机动车导向的城市"、"可持续发展的城市"和"智慧城市"中进行选择，并不会阻碍混合和变化的增加（详见让·海恩延思的文章，第 182 页），并且其他潜在的多种大都市模式也会出现，特别是在新兴经济体（详见格雷格·克拉克和蒂姆·穆南的文章，第 186 页）。

研究领域正在面向迈克尔·卢梭所谓的新"人类世城市环境科学"敞开。大城市的空间会如何重新定义，使其更加自给自足，提供更多资源，更好地控制外部性，更加具有韧性，以及实现更加大范围的区域融合？我们如何调和必然增长的自治与维持城市交易中心的功能？对于规划师来说，文化层面的革命仍然尚未完成，他们的责任似乎还很大。■

1. Richard Florida, *The new urban crisis*, Basic Books, 2017, 336 p.
2. Dominique Lorrain, *La main discrète. La finance globale dans la ville*, Revue française de science politique, 2011.
3. Ludovic Halbert *et al.*, *The financialisation of urban production: Conditions, mediations and transformations*, Urban Studies, 2016.
4. Commissariat général à l'égalité des territoires, *Les coopérations interterritoriales*, report downloadable at www.cget.gouv.fr.

① 作者是美国卡内基梅隆大学地区经济发展教授，于 2002 年出版了《创意阶层的崛起》一书，提出了年轻化、受教育程度高、高技能就业人员回流到城市中的潮流，逆转了过去几十年的郊区化和城市衰退的趋势，但 15 年后，在新书中，作者面对美国社会的新问题，提出了不平等增加、隔离加深和中产阶级陷落的现象。
——译者注

城市越来越不宜居吗？

过去的 30 年里，世界多数大城市都经历了房地产价格的猛涨。这种不同程度的总体增长趋势是造成严重不平衡的根源。住宅密集化、住房市场私有化与负担不起之间的联系正在增强。甚至对于中产阶级，这些城市也存在负担不起和不宜居的风险。面对这一问题，城市宜居战略正在兴起，并成为城市竞争力的一项关键要素。

****

伊曼纽尔·图雅（Emmanuel Trouillard），
巴黎大区研究院住房规划研究员

放眼世界，无论是规模还是持久性方面，大城市的住房支出都越来越高，并越来越脱离实际收入。在国际范围内比较住房支出并不容易，特别是以大都市区的尺度。尽管每个国家的房地产市场情况各不相同，一般来说，这些比较都是基于国家尺度设计和计算得出的。数据表明，20 世纪 90 年代以来全球范围的资产价格出现了强有力的一致性增长。经济学家让·卡维尔（Jean Cavailhès）[1]通过对 42 个欧洲国和 OECD 成员国的价格数据研究表明，16 个国家的房地产价格

在 1996 年至 2007 年期间翻了 1 倍（包括法国、英国和西班牙），12 个国家同期价格增长了 50% ~ 100%（包括美国）。只有 5 个国家（包括德国）的房地产价格在同期出现下降。卡维尔表示，"这一在全球范围增长的一致性在历史上从未出现过。并且，价格增长从未如此之高，上涨趋势的持续时间从未如此之长"。尽管 2007—2008 年期间，欧洲受到次贷危机的影响，房地产价格轻微下降，但 2013 年开始重新恢复上涨。德国的房地产价格自 2010 年以来增长迅速。

世界城市的房地产价格膨胀

从国家层面的数据不难看出，世界城市（世界级大都市）通常都是各自国家房地产市场最为紧张的代表，其房地产价格上涨更加明显。巴黎大区的房地产价格自 20 世纪 90 年代中期以来上涨超过 2 倍。根据最新可获取的世邦魏理仕公司数据，香港是目前全世界房地产价格最高的城市，每平方米价格达到 1.5 万欧元（核心地段达 2.9 万欧元），接下来是新加坡、纽约、上海和伦敦。巴黎（大都市区）位居第 6 位，每平方米价格略高于 5400 欧元，如果

参与式住房项目能帮助家庭留在城市。第旺，蒙特勒伊（大巴黎地区）

只考虑核心地段的话，则位居第 10 位，每平方米价格略低于 1.5 万欧元，位居如悉尼、莫斯科甚至里斯本等城市之后。巴黎排位比较靠后在一定程度与调查时欧元相对美元走弱有关。

这一数据也证实了很多世界性城市在后次贷危机时代房地产价格普遍上涨较快，

全球城市居住报告

《全球城市居住报告 2017：逐城盘点》，由地产咨询公司世邦魏理仕（CBRE）发布，提供了 29 个世界城市的房产和租金价格（包括整个城市与核心地段，核心地段也就是最受追捧的地区，被视为最保值的投资区域）。这一数据需要谨慎看待：除了与研究区域范围大小有关（城市与城市差异显著）的普遍问题，以及不同国家可获取数据的一致性问题，还包括平均可支配收入统计数字不仅没有考虑不同国家税收和社会缴纳金的差别，而且没有考虑这些收入在总人口中的分配情况的问题。因此，这种比较有其局限性。理想情况下，对本地房产结构（产权房比例、非市场化自建房比例等）也应有所考虑。■

有时年增长率高达两位数，例如多伦多等。这也关系到一些以"宜居性"著称的城市，例如澳大利亚和加拿大的大城市，另外，尽管数据中没有出现柏林，但它的情况亦与之类似。增强本地吸引力的战略在很大程度上基于城市的宜居性，以及住房的相对负担能力，而如果地区吸引力得到提升，又将导致房地产价格上涨，并因此损害最初的负担能力。某种程度上，这种"自上而下"的市场标准化现象在国家甚至全球尺度上都再现了大城市中所观察到的绅士化现象。

全球范围的大都市"住房危机"？

大城市的房地产通胀限制了不太富裕人群进入房地产市场。其中，许多城市正在经历真正的住房危机。

世邦魏理仕提供的数据允许我们将不同城市的房地产价格与平均收入联系起来进行比较[2]，可以发现城市之间差异很大。购买房产所需的努力与城市人口规模没有

过去 10 年每平方米房地产价格变化趋势

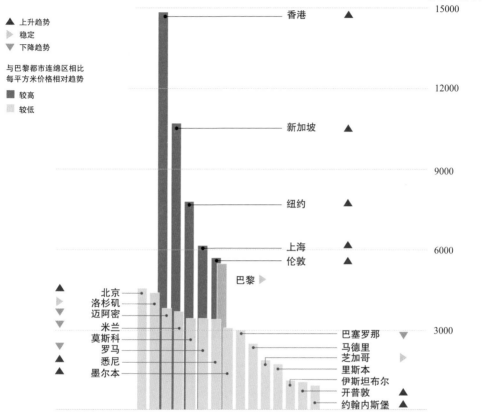

每平方米
价格（欧元）

▲ 上升趋势
▶ 稳定
▼ 下降趋势

与巴黎都市连绵区相比
每平方米价格相对趋势

■ 较高
▨ 较低

香港 ▲
新加坡 ▲
纽约 ▲
上海 ▲
伦敦 ▲
巴黎 ▶

▲ 北京
▶ 洛杉矶
▼ 迈阿密
▼ 米兰
莫斯科
▼ 罗马
▲ 悉尼
▲ 墨尔本

巴塞罗那 ▼
马德里
芝加哥 ▶
里斯本
伊斯坦布尔
开普敦 ▲
约翰内斯堡 ▲

15000
12000
9000
6000
3000

房屋购买者所需的财务支出

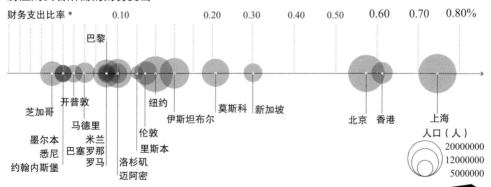

财务支出比率 *

0.10   0.20   0.30   0.40   0.50   0.60   0.70   0.80%

巴黎

芝加哥
开普敦
墨尔本
马德里
悉尼
米兰
约翰内斯堡
巴塞罗那
罗马
洛杉矶
迈阿密
纽约
伦敦
里斯本
伊斯坦布尔
莫斯科
新加坡
北京
香港
上海

人口（人）
20000000
12000000
5000000

* 财务支出比率是指每平方米房价和年收入中位数
之间的关系

© L' INSTITUT PARIS REGION 2019
资料来源：CBRE，Global City Living 2017 —— A city by city showcase

L'INSTITUT
PARIS
REGION

大城市房地产价格比较

简单的相关性——尽管更大的城市一般更具经济吸引力，在核心地段更具竞争力；在一些国家特定的城市，房地产价格仍然可以与当地收入水平相适应，平均来说比其他地方更高。这意味着巴黎、伦敦或者洛杉矶等大城市与里斯本、罗马、巴塞罗那和马德里等较小的欧洲城市相比，所需资金方面的努力（与收入相关）大致相当，甚至更低。

不过每平方米的价格也可能隐藏了购买房产大小的选择，这显然会影响家庭的宜居性。尽管世邦魏理仕的数据需要谨慎对待，但大体可以说明，比如巴黎的住房单位特别小（平均约 60 平方米），比伦敦还小（约 96 平方米），与一些更加偏好独栋房产而不是公寓开发的城市相比就更小了（洛杉矶 124 平方米，悉尼 151 平方米）。

我们可以看到，在一些新兴的国家，房地产价格和平均收入存在错配，特别是亚洲国家的一些大城市。在世邦魏理仕的住房可负担性调查中，新加坡等城市明显跳出了其他城市的模型。这些高密度的城市收入不平等，这一因素会导致仅看房地产价格和房屋所有权的数据会存在偏差。

宜居性和可负担性，巴黎大都市区的关键问题

与这些极端案例相比，欧洲城市的宜居性（例如巴黎都市连绵区）可以视为一种保留的模式，兼顾了应对人口持续增长和房价上涨。越来越多的世界城市基准[3]包括宜居性指标和雇员住房负担能力指标。《美世生活质量排名（2018 版）》中，巴黎位居第 39 位（位于里昂和伦敦之前），尽管生活成本在上升，但鉴于"排名最高的

城市一般是中等规模的"，巴黎保持了"在与其规模相适应的排名中靠前"。

平均而言，与世界其他规模相当或较小的城市相比，巴黎大区为住房所付出的（家庭或个人）财政努力仍然相对较低。巴黎的特点是核心地段的房地产价格与其他地区差异较小，前者平均只比后者高 2.1 倍。在最不平衡的大都市房地产市场中，这一倍数可能要高得多：里斯本为 7 倍，悉尼为 6.9 倍，伦敦为 4.3 倍，莫斯科为 3.9 倍。

不过世界城市的情况在国家尺度不一定适用。例如，巴黎大区的房价相较法国其他城市来说，一直处于明显较高的位置。对于不属于高收入阶层的家庭来说，特别是有小孩的家庭，小一些的城市居住吸引力会更强，只要提供合适的就业机会，或者当新的工作方式（例如远程办公、第三空间等）与高效的交通解决方案相结合，就能使快速到达巴黎经济中心成为可能。

考虑到这些衡量经济和居住吸引力的新机遇越来越重要，它们对于城市发展模式和通勤的影响也越来越大，大都市的住宅战略不可避免地站在了一个十字路口。当前大城市的发展模式对穷人的包容性越来越小，其可持续性受到质疑。[4] 再加上日益严重的环境问题，这是否最终会限制确实"不宜居"的大都市的吸引力和经济活力？■

----

1. *Les prix des logements et leurs déterminants fondamentaux. Analyse des évolutions internationalesen longue période*, May 2018.
   Website: politiquedulogement.com.
2. A rough indicator of the financial effort required from prospective home owners.
3. Publications designed by consultancy firms, mainly in the service of multinational enterprises.
4. Emmanuel Trouillard (coord.), *Métropolisation et Habitat*, IAU-IdF's contribution to the diagnosis of the PMHH (Metropolitan Housing and Accommodation Plan) of the Métropole du Grand Paris, Sept. 2018.

伦敦旺兹沃思巴特西九榆树地区的建筑工地

全球城市化模式陷入危机?
——以伦敦为例

全球化正在改变城市。

20 世纪 80 年代以来,

私人业主、开发商和投资商在确定伦敦城市改造项目中发挥了重要作用。

首都集中了大量合作式、协商式城市开发的案例,

在这里私营部门处于主导位置。

在当前的背景下,

无论是伦敦还是其他世界城市,房地产供给仍然能满足本地需求吗?

****

玛蒂娜·得罗兹(Martine Drozdz),法国国家科学研究中心(CNRS)

国土与社会科学研究室研究员

20 10年以来，次贷危机严重影响了房地产市场，在经历了一段停滞期后，伦敦出现了新一轮的建设潮。与20世纪八九十年代建造的高层建筑形成鲜明对比，当今的摩天楼项目不再局限于写字楼开发。伦敦的天际线自二战后现代主义时代以来就没有再明显长高了，而高层住宅正在改变它们。

非常高端的开发、真正的垂直聚落，一方面证明了城市融入全球化资金流的程度，另一方面也显示出社会和空间的碎片化。房地产投资主要集中在特定地区，例如城市的商业区及其周边地区，这些地区的房地产开发管控不如威斯敏斯特地区严格。城市开发项目也集中在交通枢纽周边、泰晤士河岸以及城市更新地区。

从1980年到2000年，最壮观的建筑物一般是由重要的金融服务公司建设和使用。然而在过去的10年里，这座城市建造的大多数高层塔楼是投机性的，为租赁市场设计，并准备在相当短的时间内转售。

近期的交易情况也反映出投资格局的变化。尽管在此之前一批养老金、保险公司和房地产投资信托基金参与重大交易，近期则变成了少数具有超凡财务实力的公司。因此，伦敦写字楼市场的流动性正在减弱，这对少数占据主导地位的机构投资者有利。人们开始担心，转向国际投资者的供给与本地需求可能出现脱节的风险。

超大型（XXL号）公私合营（PPP）的利润空间

在"城市更新地区"，或者说在后工业化地区，以及伦敦历史中心周围大规模社会住宅所在的区域，一种新型的合作式城市开发正在出现。这种模式适用于各种规模的城市开发，从20公顷到100公顷不等。

土地所有者有时主要是公共部门（皇家码头[①]），但更多数情况是由几个大的私人所有者共同所有（例如格林威治、九榆树）。公私联合体通过开发协议共同作为开发商。所有案例都呈现出一种趋势，即建筑方案庞大、密度急剧增加、公共空间私有化。

对于土地由大伦敦地区持有的项目，根据欧洲法规，将通过招标选定一个开发商作为项目开发的总协调。法国没有类似的地方公共开发机构。这些项目或者由单一的私人开发商（例如国王十字）协调，或者由实施能力较小的公私合营企业（九榆树）协调。

牵头开发商，也是协调人，负责项目开发，但也参与有可能出现的土壤污染清理工作，并担任财务受托人。他们可以负责确定街区的大小、内部的交通设计、公共空间的设计和开发，以及公共设施的建设。他们协调和委托初步调查、环境调查和影响调查，组织咨询，根据房地产市场趋势确定任务书。对超大型城市开发项目采用大纲许可制（outline permission），允许仅通过一个地块案例的详细呈现就可以取得更大场地的规划许可，为重新确定地块大小和用途提供了相当大的弹性，最终街区的用途会逐步确定。

在这类项目中，政府对牵头开发商和协调人的支持力度大于提出要求。比如在九榆树—巴特西地区，地方议会起草了一份建筑和景观条例，但是不能保证其建议会得到遵守。2010年，设计委员会在该项目的分析中指出，低层住宅单元存在日照不足的风险，并建议紧密跟踪场地的变化，同时发现政府缺乏足够的政策工具影响开发的终极形态。

对于撒切尔时代提出、卡梅伦时代强化的地方政府改革，地方政府的投资能力有限，即便现在有可能保留其拥有财产的

伦敦规划中的机遇区

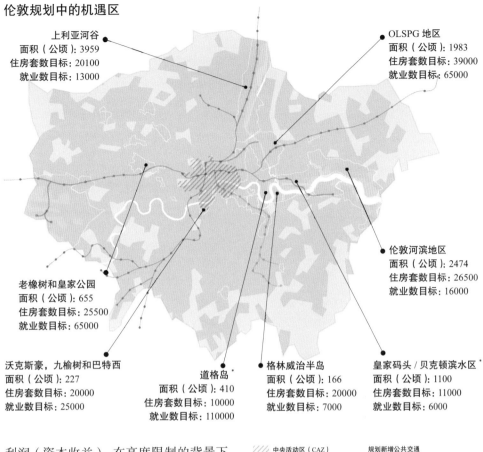

上利亚河谷
面积（公顷）：3959
住房套数目标：20100
就业数目标：13000

OLSPG 地区
面积（公顷）：1983
住房套数目标：39000
就业数目标：65000

伦敦河滨地区
面积（公顷）：2474
住房套数目标：26500
就业数目标：16000

老橡树和皇家公园
面积（公顷）：655
住房套数目标：25500
就业数目标：65000

沃克斯豪，九榆树和巴特西
面积（公顷）：227
住房套数目标：20000
就业数目标：25000

道格岛
面积（公顷）：410
住房套数目标：10000
就业数目标：110000

格林威治半岛
面积（公顷）：166
住房套数目标：20000
就业数目标：7000

皇家码头 / 贝克顿滨水区
面积（公顷）：1100
住房套数目标：11000
就业数目标：6000

利润（资本收益）。在高度限制的背景下，只有与私营参与方合作，才能使投资可行，但这也限制了政府对城市项目的控制。

///// 中央活动区（CAZ）

■ 机遇区

城市地区

规划新增公共交通（线路和站点）

—— 贯穿线 1 和 2

—— 贝克鲁线延伸段

N　0　　　　　　10km

© L' INSTITUT PARIS REGION 2019

资料来源：GLA，2016—2019
TfL 2015，Crossrail 2015

* 资料来源：Annex One，The London Plan，March 2016

L'INSTITUT PARIS REGION

住房危机：2019 伦敦规划的目标该如何实现？

强劲的人口增长和房地产价格上涨，使调节住房供应，以适应伦敦居民的需求变得尤为迫切。一些居住区的房地产价格增长特别快，成交量下跌明显，因为很少有买家可以承担相应的贷款。因此，私人住宅市场形成了一种很不常见的结构：价值 150 万英镑以上的房产几乎是过度供给，同时中间部分出现了显著的缺失，市场中下面 1/3 的住房需求压力越来越大。年龄在 45 岁以下的自住房所有者如今已是少数，而过于拥挤的住房正在增加。

目前，只有共有产权体系提供了相当

伦敦的"机遇区"以棕地为主，伦敦规划认为其具有很大的城市开发潜力。这些地区标注了未来的居住或商业用途，既有的或规划提升的公共交通可达。随着其他配套设施和基础设施的投入，每个片区可以承载至少 5000 个就业岗位、2500 个新建住房或者是两者的组合。伦敦市长与各区 / 市镇政府和其他利益相关人紧密合作，共同开发"机遇区"，并鼓励、支持和主导编制和实施规划大纲，帮助释放这些区域的潜力。

相关规划规则更加注重开发，而对保护城市肌理和历史建筑重视不足。在整个规划过程中，开发商、各区 / 市镇政府和伦敦市长之间会产生一些矛盾。■

受干扰的房地产市场

境外投资正在动摇
伦敦的房地产市场

伦敦已售二手房价格的
不均衡分布（2015 年）

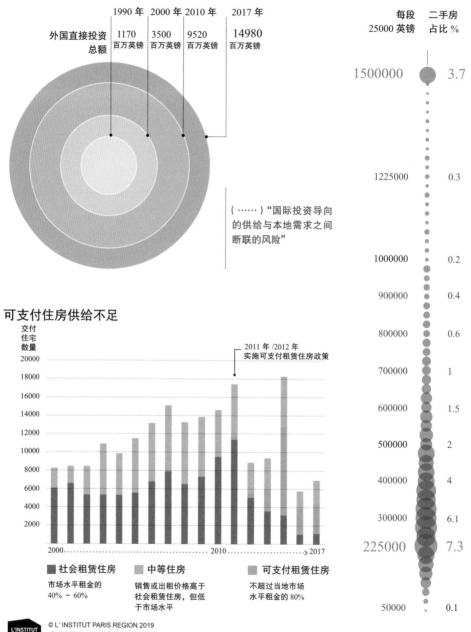

（……）"国际投资导向
的供给与本地需求之间
断联的风险"

可支付住房供给不足

■ 社会租赁住房
市场水平租金的
40%～60%

中等住房
销售或出租价格高于
社会租赁住房，但低
于市场水平

可支付租赁住房
不超过当地市场
水平租金的 80%

资料来源：ONS，国家统计局，2018/ 土地登记价格数据。
数据由土地登记部门提供 /MHCLG，可支付住房变化表。

于承诺租金控制的长期租赁。居住者从住房协会购买住房的股份并额外支付租金。租金的涨幅和住房持有者再次出售股份时的利润受到限制。尽管只适用于少部分案例，但这一体系在城市更新项目中正在增加，提升了以富裕家庭为目标的住宅替代社会住宅的风险。

为了干预住房生产，伦敦市长提出了三套政策工具。首先，他向开放商提供金融支持。萨迪克·汗宣布成立一个新的投资基金，期限是2016—2021年，即"伦敦投资项目"，总计31.5亿英镑。对于建造符合任何一类可支付住宅标准的住房，可以提供从2.8万英镑到6万英镑不等的补贴。

其次，市长也可以加速规划许可程序。他直接负责审查包括超出150个住房单元的项目。在萨迪克·汗的任期内，至少35%的社会住房或中等水平住房的开发项目可免于可行性评估，这是一个相当耗时的财务评估程序。

干预的第三个领域涉及土地资源的流动。大伦敦管理局（GLA）列出了一份635公顷土地的清单，这是通过继承国有土地分权而取得的土地所有权，部分属于伦敦交通局（TfL）。尽管对于一个资源匮乏的政府来说，这是一笔非常重要的财富，但与其他大城市相比，这份资产规模并不大。为了让这些资产流向可支付住房，政府再一次提出了几种政策工具：为伦敦交通局出售的土地提供优惠价格，或者通过伦敦发展委员会（GLA，由大伦敦管理局组织的开发商群体）与商业合作伙伴联合重新开发土地。

长远的公共利益不是私人投资者所关心的

"英国式"协商型城市开发常常因其灵活性和适应经济环境变化的能力而受到称赞。从设计阶段到项目管理阶段，私人部门的深度参与是当代全球化城市发展的另一特点。但事实上，地方政府仅有非常狭小的调控手段，用来管理首都愈发尖锐的空间分裂风险。长远的公共利益不足以引起私人投资者的关注。■

延伸阅读

ICONIC DESIGN AS DEADWEIGHT LOSS: RENT ACQUISITION BY DESIGN IN THE CONSTRAINED LONDON OFFICE MARKET
C<small>HESHIRE</small> Paul and D<small>ERICKS</small> Paul, 2014, 67 p.

"WE WORK TURN HEADS IN RAPID MARCH ACROSS LONDON", *FINANCIAL TIMES*
E<small>VANS</small> Judith, 22/07/2017.

HOUSING IN LONDON, THE EVIDENCE BASE FOR THE MAYOR'S HOUSING STRATEGY
GLA（*Greater London Authority*），2017, 114 p.

"CHANGE IN CENTRAL LONDON BUYERS MIX SPURS LIQUIDITY DROP", *REAL CAPITAL ANALYTICS*, 12/03/2018
L<small>EAHY</small> Tom.

"LONDON'S GROWING UP", *NLA INSIGHT STUDY*
NLA（*New London Architecture*），120p.

---

① 皇家码头，即Royal Docks，是英国最重要的城市更新项目之一，也是伦敦唯一的自由经济区（enterprise zone），享受税收优惠。——译者注

对话：
"数字革命使公共空间成为最具价值的城市财产"

伊莎贝拉·巴罗德 - 塞法体
（Isabelle Baraud-Serfaty）
IBICITY 创始人、城市经济顾问、巴黎政治大学讲师

雷诺德·勒·乔沃（Renaud Le Goix）
巴黎第七大学教授、地理城市研究小组成员

问：我们通过比较城市经济模式能学到什么？我们是否在向城市建设的私有化方向前进？

雷诺德：比较和历史的研究方法有助于我们观察到城市建设中企业和商业模式的扩散，这在某种意义上算作一种胜利。在这一体系下，我们如今经常能够看到一个很大的地块，或者多个比较大的地块交给一个单一的私人开发商。这一模式会导致交通和设施服务私有化，重新唤起在美国存在已久的门禁社区和公寓综合体。这些案例显示出想要打开这些公共区域的难度有多大，并且凸显了一种想要控制这些公共空间的用途以及对资产价值影响的倾向。似乎私人开发商干预的规模越大，封闭的进程就越深：外来者的进入受到严格限制，不属于这一"俱乐部"的人被排除在外。在美国，公共空间私有化的逻辑直接受到城市融资模式的影响。本地资源高度依靠房地产价格，房地产价格上涨，对地方政府预算的财务贡献就增加。封闭式社区受到了更大的鼓励，因为可以通过提高固定资产价值应对地方政府遇到的财政困难。在尼克松和里根执政期间，地方政府在联邦财政预算中的节流超过 50%。这促使一种转变逐渐出现，即从一个根据财政能力向民众提供设施的体系转变为一种通过吸引力和竞争力吸引投资者的过程。这种企业化的模式已经对公共空间生产造成了反作用力。一个典型的例子是在纽约，1961 年以来大规模发展了私人所有公共空间（POPS）计划，直到 1975 年城市破产。与私营开发商达成协议，使免费创造高质量公共空间成为可能：基于承诺开发的公共空间面积，开发商可以获得额外的建筑权。

这种企业模式变得越来越普遍，因为很多大城市竞相吸引房地产投资商和大公司——它们倾向于相互拷贝。这促使城市模式的传播和标准化（国际化建筑和连锁商业布局等）并响应经济发展基准。

伊莎贝拉：当提到公共空间私有化问题时，我们必须区别两种不同的情况。第一种情况是，公共空间属于联合私人拥有者，他们或者是自住业主，或者是小投资人。在法国经常可以发现，开发商开发一个大规模地块，在最后一套住宅交付时会消失。开放空间不管公众能否使用，通常都是为业主协会所拥有的（在法国称为自由工会联合会 ASL）。在美国这也是一种门禁社区的模式。第二种情况在英国比较普遍，公共空间属于拥有整个街区的投资者：他们建造、拥有并管理这些空间，也被称为 POPS（私人拥有的公共空间）。在这两种情况下，关于谁拥有、谁管理公共空间的问题，越来越倾向于与街区尺度的建设和服务管理交织在一起。不管公共空间属于公共还是私人所有者，能够定义其属性的是可达性。问题是，知晓它们是否对所有人开放，不仅关乎公众是否可进入的问题，也关乎城市公共服务是否可进入的问题：是否有出租车、充电桩、外部通信、微交通或物流，公共空间对于公共服务来说是一种关键资源。在这方面，观察美国的关于"路边管理"（curb management）[1] 工作就很有意思。"路边"是道路不同功能的交汇处。这一"上 - 下"区域是在新用途和公、私参与者之间新伙伴关系方面变化

私人拥有的公共空间（POPS）难以辨别，尽管它们需要符合公共街道的各种规则要求。伯明翰圣马丁教堂广场

最显著的地方。我还找不到法语里有一个词能够形容"路边"（kurb），制造一个新词对于促进实施以及讨论相关的特定问题是有价值的。

雷诺德： 确实，关于融资和私有化的反应取决于我们所谈论的公共空间的性质。传统上，在欧洲，公共空间的概念指的是有点神话的广场，从古罗马广场到巴黎的共和广场：换句话说，一个为公众发声而存在的地方。但值得注意的是，例如我们正在经历的"黄马甲"运动中，公众游行的重要场所是道路环形交叉口、收费广场和购物中心的停车场。这一点揭示了公共空间的概念受制于人们在社会和政治方面对自身的认知和建构方式。我在这篇发表于《历史》杂志上、题为"占领华尔街"[2]的文章中讨论了这一问题。占领华尔街运动只能在 2011 年的曼哈顿成为可能，因为满足可用空间的条件。集会发生在一种警察无法迅速干预的公共场所：这是一个私人拥有的公共空间（POPS），即组科蒂公园。

私人所有者考虑到自己的公众形象，不希望警察介入。这表明，仅关注所有权制度和界定使用规则的制度，不足以定义什么是公共空间。无论司法框架如何，社会观念都是决定性因素。

问：哪些因素正在给当今的公共空间带来最显著的变化？

伊莎贝拉： 毫无疑问，数字革命及其参与者已经进入城市开发领域。

在我们对新城市经济模型[3]的研究中，克莱蒙·福奇（Clément Fourchy）、尼古拉斯·里约（Nicolas Rio）和我分析了"使用方式的城市"，而不是"基础设施的城市"。"基础设施的城市"出现在 19 世纪的工业化城市增长时代，主要市政设施和服务网络应运而生（包括供水、排水、公共交通、电力和燃气）。这些网络的存在是提供服务的必要条件和充分条件。现在，一个好的城市服务，关键是看它如何回应个性化的需求和使用方式。大型基础设施网络仍然是必要的——没有道路就没有拼车，没有光纤就没有网络——但是提供服务的关键参与者，往往是能够尽可能密切地满足用户需求的参与者，特别是数字平台。

人行道就是这种变化的一个例子。历史上，我们今天所感知的公共空间的形成，与大规模市政设施网络的创造是同时发生的。在法国，一部 1845年通过的法律创造了人行道，同时个人承担的服务（运水者、收废品者）被统一的集合系统取代。

今天，ALPHABET（谷歌的母公司）的子公司致力于一项城市创新项目，称为"人行道实验室"！它已经开始将路缘石数字化：在公共空间获取信息，这些公共空间可能被货币化，进而成为物理访问该空间的先决条件。

随着数字革命带来的服务个性化，我们现在能够将成本分配到每一个用户，提供定制的服务，用

巴黎，2019年：充斥着微型移动系统的拥挤的公共空间是一个严重的问题，城市正在承受科技巨头的压力

多米尼克·卡登（Dominique Cardon）的话来说，"（成本）计算到最接近的一分钱"。[4] 我们是否正迈向城市服务的高度个性化？随着尼古拉斯·科林（Nicolas Colin）和亨利·福迪爱尔（Henri Verdier）提出的"大众"（the multitude）[5] 一词，以及短供应链的发展，我们是不是在某种程度上回到了大型网络出现之前的情况，只是提出的城市社区问题不具备相同的服务水平？"人行道实验室"项目正在多伦多开发，也许将会提供一些答案。

问：法国的模式能否表明，在政府财政并不宽裕，且新的私人参与者越来越多的情况下，政府仍然能够继续创造高质量的公共空间？

罗诺德：是的，因为在法国，仍然有一些政府可以通过规划实施干预的工具。这意味着他们必须承担相应的高成本，并且可能更高。例如，协议开发区[6] 是一个几乎在任何其他地方都不存在的制度。它使政府能够为创造高质量的、真正的公共空间负责。大巴黎快线车站周边地区的开发可以证明这一点。

但不是所有地方都如此。在市场非常活跃的地方，通过在有兴趣的私人投资者之间建立竞争，可以真正有机会实行严格的管控。但在其他地区情况就会变化：地方政府的权力分散，在专业领域和谈判方面几乎没有任何影响力，更多地依赖私人开发商建立的模式。

伊莎贝拉：需要注意区别三类私人开发商，他们在公共空间的生产过程中与政府部门的互动是不同的。城市服务提供商（例如法国的威立雅和苏伊士）在一个公共服务委托系统框架下运作，是地方政府的分包商。规划和房地产开发链中运作的公司在授权制度下工作，并依赖于地方政府做出的决定：标准建筑许可、使用诸如POPS或超大地块规划工具的决定等。相反，新的数字参与者更加以用户为导向，不需要地方政府的批准。这意味着，政府部门在规划方面享有特权的制度，特别是在涉及公共空间的方面，以及将合同分包给私营公司的制度，正在被以下制度所取代：私人部门提出了地方政府甚至没有考虑过提供的使用模式。这意味着政府部门和私人部门所占据的位置关系现在将以不同的方式提出。

问：需要对公共法规进行哪些修改？

伊莎贝拉：在财政资源紧缩的背景下，越来越多的开发商和地方政府倾向于将公共空间视为核心负担。然而，当战略层面的重要性不断增强时，让私人运营商负责本身就是自相矛盾的，更不用说公共空间的象征意义，似乎对我们来说，地方政府必须保留其所有权，因为这是城市最宝贵的资产。开发商可以资本化公共空间的用途，明确使用公共空间的人，并且从中获利。这与公共空间是自由进入且不收费的想法是相背离的，但这里我们只讨论公共空间的经济用途。

与此同时，所有这些变化都显示出我们不可避免地参与到一个关于公权力干预的合法性的严肃讨论中。我们所习惯的"地方政府干预一切"必须重新锚定，也就意味着打破关于公共空间是什么的禁忌。地方政府的主要作用是确定什么仍然是公共的，据此确定公共服务的个性化边界，并且决定哪些方面需要作出调整。

雷诺德：数据收集，更广泛来说，研究个人行为的专业不断发展：我们在哪里消费？在哪里取自行车或汽车？在哪里上地铁？使用哪条街道？政府部门在这些领域已经失掉了战场。他们缺乏必要的专业知识、技术和资源来收集这些信息。基于地理的信息已经是大公司与公众要求开放数据和开放源代码应用程序的需求之间的关键问题。但是地方政府正被逐渐排除在这一进程之外。事实上，政府正在成为私人数字参与者的客户，并越来越依赖他们。今天，当政府寻求新的城市开发方式时，也正在失

去对新型公共服务供给的控制。某些公共空间的可达性，或者至少是这些空间提供服务的可达性，需要智能手机和信用卡作为中介：这也引发了对民主的质疑。我们与传统公共空间的概念产生了一定的距离，比如说文森森林（Bois de Vincennes）。在这一巴黎人的公园里，各种各样的使用方式持续在相互协调——有时，某些用途占据主导：在周六的早上，主要是自行车和慢跑，当场地使用需要相互协调时，社会互动发挥作用，而不必通过第三方监管。还存在根据价格进行分区，以及强化社会两极分化和排斥过程等风险。确保空间发生冲突时可以管理，而不必提前采用经济标准仲裁，仍然是政府部门的合法角色。■

保罗·洛克哈德、里奥·福库奈、
马克西米利安·高力克采访

1. NACTO（National Association of City Transportation Officials）（2017），"Curb Appeal：Curbside Management Strategies for Improving Transit Reliability"．Available online：https：//nacto.org/wp-content/uploads/2017/11/NACTO-Curb-Appeal-Curbside-Management.pdf.
2. OECD（2018），"The Shared-Use City：Managing the Curb"；ECD/ITF. Available online：https：//www.itf-oecd.org/shared-use-city-managing-curb-0.
3. Renaud Le Goix,《Occupy Wall Street》, L'Histoire n° 410, April 2015.
4. www.modeleseconomiquesurbains.com.
5. Dominique Cardon, À quoi rêvent les algorithmes？Nos vies à l'heure du big data, Seuil, 2015.
6. Nicolas Colin, Henri Verdier, L'âge de la multitude, Entreprendre et gouverner après la révolution numérique, Armand Colin, 2015.

网络组织：服务城市的软性参与者

大城市正在都市区尺度上形成管理和协调机构。
它们的政治权力很大程度是建立在网络和联盟基础上的。
国际合作发挥了不同的作用，例如游说和"城市外交"。
但是最重要的是，
这些网络组织激发了城市模式之间的交流。

****

艾瑞克·尤布莱切（Éric Huybrechts），巴黎大区研究院建筑师和规划师
罗拉·戴维森国际城市发展联合会（INTA）副秘书长

联合国新城市议程，其作用是为全球的机构参与者提供框架

大城市占据了超过 40% 的世界城市人口，它们的出现和管理的复杂性，使参与者不得不寻求治理的新模式。治理的目标是确保城市有效运转，监管经济促进社会公平，以及提高城市适应性和为发展提供资金。

大都市化进程引发了对现有实践的反思，改变了干预的尺度，并且需要新的技巧。大城市或大都市区组成的网络、结合公共与私人参与者的城市开发平台，以及由规划专家组成的国际组织，已经不得不直面大都市发展和治理的问题。这也引发了对于不同尺度公共政策和规划项目实施的共同关注，并且聚焦大城市之间，以及国家和国际组织之间的新型关系。

这些网络组织一般是由非营利机构运行，是交流和互动的中立平台。在社会、环境、经济和技术发生重大转型甚至颠覆之际，它们有助于打破专业人士和政府官

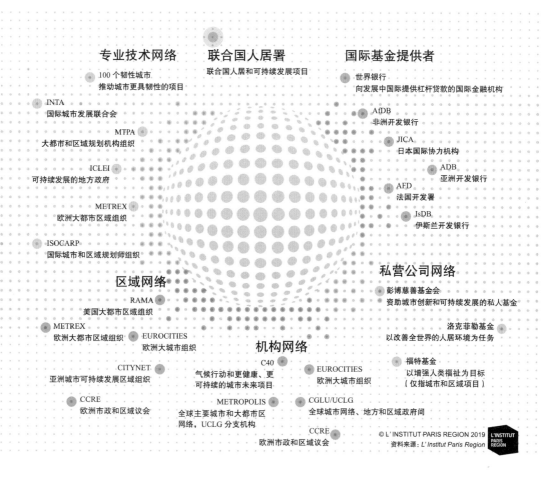

专业技术网络

100 个韧性城市
推动城市更具韧性的项目

INTA
国际城市发展联合会

MTPA
大都市和区域规划机构组织

ICLEI
可持续发展的地方政府

METREX
欧洲大都市区域组织

ISOCARP
国际城市和区域规划师组织

联合国人居署

联合国人居和可持续发展项目

国际基金提供者

世界银行
向发展中国际提供杠杆贷款的国际金融机构

AfDB
非洲开发银行

JICA
日本国际协力机构

ADB
亚洲开发银行

AFD
法国开发署

IsDB
伊斯兰开发银行

区域网络

RAMA
美国大都市区域组织

METREX
欧洲大都市区域组织

EUROCITIES
欧洲大城市组织

CITYNET
亚洲城市可持续发展区域组织

CCRE
欧洲市政和区域议会

机构网络

C40
气候行动和更健康、更
可持续的城市未来项目

METROPOLIS
全球主要城市和大都市区
网络，UCLG 分支机构

EUROCITIES
欧洲大城市组织

CGLU/UCLG
全球城市网络、地方和区域政府间

CCRE
欧洲市政和区域议会

私营公司网络

彭博慈善基金会
资助城市创新和可持续发展的私人基金

洛克菲勒基金
以改善全世界的人居环境为任务

福特基金
以增强人类福祉为目标
（仅指城市和区域项目）

© L'INSTITUT PARIS REGION 2019
资料来源：L'Institut Paris Region

员之间的障碍，以共同应对不可预见的情况。这些网络组织的灵活性意味着它们可以迅速发展和支持那些需要相关专业咨询的成员，在一个基于学习、实验和互相促进的框架下开展工作。

大都市化的网络演变和挑战

作为城市群或区域这类独立的行政实体，大都市代表地方政府的网络在国际上发挥越来越大的作用，而国家政府的存在感在降低。

造成的结果之一，是这些组织研究的主题有所变化。平台研究的主要问题是城市重点关切的，这些主题出现在地方官员提交的战略规划文件或演讲中：治理、规划、融资、重大项目、创新和智慧城市、大都市外交、金融化、脆弱性、食物、气候变化、社会和国土包容等。

目标多样性

相当多的主要目标可以说明这些网络的合理性，例如共享最佳实践、土地营销或多边组织的游说。

这些网络成为聚焦与大都市相关的挑战和主题的资源中心。它们培训成员和合作伙伴，特别是有关规划、治理（多参与者倡议）的问题，组织合作研讨会（城市实验室等），以产生创新项目。它们创建工作营，举办研讨会和大型会议，出版书籍等，作为交流和经验的平台，有时还对项目进行资助。

这些网络为各地，特别是大都市地区提供了在国际范围内制定营销策略的机会。都市圈通过实施吸引力提升政策，参与全球范围的竞争，并积极寻求发展领域。

这些平台也为城市聚集公共与私人成员，建立国际商业网络联系。

为大都市地区发声

最后需要提到的是，大都市网络组织让大都市地区在与国家政府和多边机构的谈判中拥有发言权，使其成为区域规划相关主题的合法对话者。因此，在这样的环境下，拥有战略经济实力并通常由主要政治行为体运营的地区之间可以建立国际联盟。

2016 年 10 月，《新城市议程》在主题为可持续城市发展的人居三世界大会上发布，承认地方政府和大都市区域作为主要参加者的重要性，以及能够帮助联合国实现 2015 年 9 月在纽约提出的可持续发展目标发挥重要作用。

一些特定平台在 COP 大会上交流气候变化的问题。例如，在世界城市论坛这样的国际会议中，通过联合国人居署"世界城市运动"、"气候变化"峰会等，将非政府参与者聚在一起，针对气候变化主题提出共同倡议，或者由一个或多个联合组织针对指定主题直接提出其他倡议。欧洲城市、大都市和地区网络就资金分配和城市发展凝聚力政策游说欧盟委员会。最近，13 个聚集了地方政府的组织和团体给 G7 组织共同写了一封信，强调了在应对全球挑战寻求解决办法的过程中城市维度的开发和地方政府的关键角色。

网络组织需要更好地合作

每个网络组织都有其自身特点，新的网络组织被不断创造。出于对大都市现象共同理解的需要，以及在方法和方式上的横向需求，网络组织需要加强合作，以便分享和转化他们已经取得的知识经验。■

国际城市开发协会（INTA）

INTA 是一个城市和区域发展领域的国际经验分享组织，是一个独立的知识生产平台。起源于20 世纪 70 年代的新城运动，INTA 将城市开发各领域的公共和私人领导者聚在一起，共同发展出明日城市的愿景，创建一个合作和参与的计划。这个组织已经有超过 2000 个成员和 60 个国家的参与者，包括巴黎大区研究院。

这个组织的成员围绕大都市发展的话题，开展的工作主要聚焦如下方面：

· 私人和公共参与者在不同地理尺度上应该如何行动？

· 我们该如何在大都市尺度上开发有意义的城市项目？

· 大都市需要什么样的基础设施？

· 在大都市地区如何纠正区域不平等的问题？

· 大都市地区如何塑造自身特点，以避免趋同的风险？

· 如何建立郊区和城市 / 城乡的关系？大都市对周边的相邻且相互依存的地区负有怎样的责任？

这些问题引发了关于大都市转型战略（2011—2015 年）的讨论项目，与荷兰三角洲大都市联盟（即 Deltametropool Association，在荷兰兰斯塔德地区开发中发挥重要作用）的合作，在欧盟范围的大都市规划讨论（2015—2016 年），关注三个主要议题：创新经济发展、社会融合和地区平等。

INTA 与巴黎市议会共同组织了一个大型会议，主题是"欧洲大都市：战略和治理"，启动了欧洲范围内关于大巴黎都市发展规划的广泛对话。

最后还要提及的是，在这样一个多年计划的框架内（2015—2016 年、2018—2020 年）实施可持续发展目标和新城市议程，该组织聚焦城市和大都市地区的相互支持，基于互惠原则，提出了农业和工业供应链的问题，以及治理的模式和特定参与者的社会责任问题（私人公司和地方政府）。■

大都市和地区规划机构全球网络（MTPA）

MTPA 网络在人居三大会上正式启动，由法国规划机构国家联盟（FNAU）、摩洛哥规划机构组织（MAJAL）、墨西哥规划实体网络（AMIMP）和若干规划设计权威机构，包括巴黎大区研究院、北京城市规划设计研究院、里昂大都市区规划局、巴马科区域规划机构（马里）、洛杉矶大都市规划组织、圣保罗和仰光规划局共同发起。

MTPA 组织主题性辩论，特别是在国际事件领域，例如气候变化峰会（阿加迪尔，摩洛哥）、世界城市论坛（吉隆坡）、法国规划机构联盟关于欧洲和地区年会（斯特拉斯堡）。MTPA 通过建立联合国人居署、大都市、人居署专家论坛、国际城市与区域规划师学会等合作伙伴扩展其网络。

MTPA 与当前政治利益相关人组织的网络不同，因为它主要关注国土工程的技术领域，并且动员在规划设计机构或研究院里的专家共同工作。尽管大都市的治理有时不稳定，但技术专长对于支撑决策制定，以及对于建立复杂地域的认知是必须的，意味着这些组织必须足够稳定，以便管理数据，建立智库，并且提供大都市项目所需的多学科专业。

MTPA 的角色是参与大都市规划技术方面的讨论，支持大都市规划机构的创建，强调这些机构在支持大都市管理和发展中的重要性。为了达成这一目标，MTPA 设定了交流项目、城市实验室、任务目标和最佳案例的共享数据库，并且参与国际城市和区域规划领域的问题讨论。■

北欧波罗的海空间：一种跨国视角

"北欧波罗的海空间展望 2050"是一项关于七个城市共同建设、
共享同一目标、未来形成一个大尺度区域的规划。
这一具有操作性的行动，
为欧盟在区域融合方面的政策和目标提供了具体的空间表达。
这种在国际尺度上自发的城市—区域合作案例，
能否真正形成一种超越国家框架的共同合作能力？

****

道格拉斯·高登（Douglas Gordon），赫尔辛基市欧洲大都市区域组织建筑师、城市规划师

作为一项跨国规划，"北欧波罗的海空间展望 2050（NBS2050）"（以下简称"空间展望"）的目的是引导区域内城市和区域的未来发展，包括结构性的规划改变，以及人口和经济增长管理。作为一个大尺度区域，其战略目标是协调城市—区域的政策和过程，并作为规划实施的工具，最终使整体获益。

作为一个欧洲大都市区域组织的项目，空间展望采用了欧洲地区开发和融合观察网络（ESPON）在"欧洲国土 2050"的分析，并遵循了欧盟愿景（让欧洲开放和多极化）的指引。为落实这一目标，规划增强区域连接纽带，共享工作方法，从其他城市经验中相互学习。规划

欧洲大都市区域组织（METREX）

该组织成员来自约 50 个大都市地区，它提供有关大都市事务交换认识、专业和经验的平台，也会基于共同利益组织联合行动。欧洲大都市区域组织是欧洲研究机构、研究界、政府组织和其他组织的合作伙伴，为大都市领域的政策制定、项目和计划实施作出贡献。■

正在帮助城市走向互补，找到合作共识。规划的关键是对长期挑战取得深入共识，以及在更大的背景下提供大都市和区域发展的各种可能。毕竟，探索共同的空间政策将提升区域竞争力的可持续性。欧洲大都市区域组织提供了一个宽阔的合作网络进行这种类型的项目实践，可以更加容易地寻找合作伙伴。斯德哥尔摩大区和赫尔辛基—乌西马大区议会，以及赫尔辛基市是这一项目的主导方。哥德堡、里加、奥斯陆、塔林和华沙—马佐维亚是项目参与方。

愿景和框架

空间展望的愿景和框架旨在促进空间和社会融合，增强城市区域的连通性。城市之间的联系通过跨国的公共铁路网连接，既有放射线，又有连通线。同时，该规划提出经济活力、城市个性、活力创新、空间和社会融合、多中心结构等目标，实现碳中和与能源的高效增长，将绿色城市区域网络作为区域结构的要素，提供具有

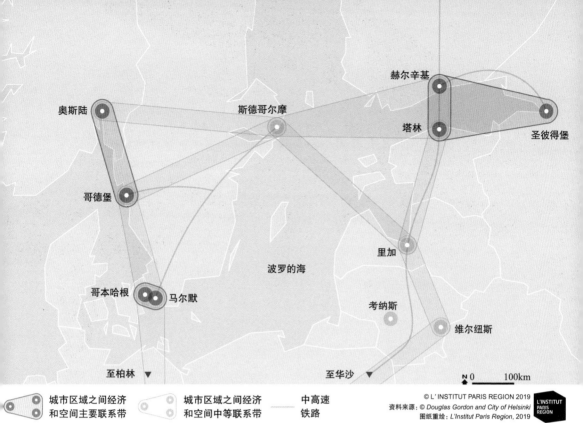

赫尔辛基

奥斯陆

斯德哥尔摩

塔林

圣彼得堡

哥德堡

里加

波罗的海

哥本哈根　马尔默

考纳斯

维尔纽斯

至柏林　▼

至华沙　▼

N　0　　　100km

城市区域之间经济
和空间主要联系带

城市区域之间经济
和空间中等联系带

中高速
铁路

吸引力的多样环境。工作方法依托欧洲大都市区域组织两年召开一次的专家研讨会。围绕空间规划方法的专题讨论遵循相同的工作计划。"改变的驱动"是一种方法，帮助分析变化中的世界的空间影响。例如人口和经济增长等重要驱动力对空间规划进程造成了显著改变，在实体空间上表现为住房开发需求，或者就业场所的需求。总之，这些结构性驱动因素提供了一个维度，了解北欧波罗的海城市地区如何发生变化，以及在整个规划过程中需要在空间上做些什么。它提供了变化的方向。

• "关键挑战"聚焦快速增长、城市化和城市蔓延，以及气候变化方面的问题。

• "优势和劣势"提供一种面向2050的长期分析。

• "未来愿景"把北欧波罗的海地区作为一个整体，提出创造同一目标和长期愿景。关键是要找到北欧和波罗的海城市区域对于长期发展是否拥有相似或不同的观点。讨论的共识是形成一个"意图的合集"，显示出"北欧波罗的海空间"作为一个城市和区域的集合体发挥作用，以便在大尺度区域促进空间更好的融合。

意图的合集

北欧波罗的海的城市—区域最终达成了一系列政策集，并将作为实现2050愿景的方法。政策具体包括提升跨欧洲交通网络，以优先考虑从赫尔辛基途经波罗的海国家到华沙和柏林的波罗的海铁路（Rail Baltica）以及斯德哥尔摩和哥本哈根之间的高速铁路。这一措施可以减少碳排放，并提升城市区域之间的经济活力。促进形成多中心城市区域的空间结构，将有助于形成就业集群的协同作用，以及在大都市区之间和内部更好的空间融合。这些政策将引导北欧波罗的海地区在替代能源的开发投资方面寻求合作，例如风电、太阳能等，以实现碳中和。■

从停车场到热门场所：位于布鲁克林小飞象社区的珍珠街三角地，是纽约交通局"广场计划"落地的第一批广场，该项目是由布鲁克林房地产和城市设计公司 TOTEM 负责牵头的社区驱动改造项目的组成部分
摄影：TOTEM，totembrooklyn.com，@totembrooklyn

战术型城市化：小规模项目，范式的转变？

在波哥大、纽约、阿姆斯特丹、巴黎以及其他地方，
未来正在自下而上地被创造——互联的、灵活的和有创意的，
城市居民正在采取行动，试验短期、小规模和低成本的解决方案。
地方政府越来越注意将这些战术参与方式融入他们的战略。
这是一种转瞬即逝的时尚，还是未来深远变化的迹象呢？

****

保罗·洛克哈德，巴黎大区研究院高级城市规划师

城市建设的艺术有时候会借鉴战争的理念。"战略规划"的概念在 20 世纪 90 年代出现，作为一种面向后工业时期城市危机的综合应对——将公共部门和私人利益相关者聚在一起，分享他们的分析、目标和优先事项，以及他们认为的哪些集中投资项目最有助于催化城市再生。

战略规划曾经助力巴塞罗那、伯明翰、哥本哈根、里昂、都灵和匹茨堡的再生。在毕尔巴鄂，著名的"古根海姆效应"可以看作 1992 年以来由"毕尔巴鄂大都市 30"联盟实施的战略的一个战术部分。如今，战略思考往往成为制定长期总体规划过程中的一部分。

但是无论规划和自上而下的重要项目多么有战略性，在本地社区中总是见效很慢，并且对于当地居民的预期回应有限。到21世纪初，在欧洲和美国出现了一些积极的市民，重新将汽车时代或后工业化城市抛弃的空间进行改造。他们的目标是重新激活被忽视的地区，通过临时占用、场地实验和节日事件等，注入新的使用方式。行动的基本原则是小尺度的、迅速的、轻量的、低技术的开发。灵魂是设计、一点幽默感……，以及社交媒体技巧。

战术型针灸

这种"快闪城市化"借鉴于"城市针灸"的概念，这一概念是1980—1990年期间，由当时的市长贾米·勒纳（Jaime Lerner）在库里蒂巴的贫民窟中提出的，他说"就像中医一样，通过对一个关键点的简单碰触，可以复兴一个区域，这种干预将会激活积极的连锁反应，帮助治愈和增强整个机体"。[1] 2012年，迈克·雷登（Mike Lydon）称其为"战术城市化"，"短期行动带来长期改变"[2]，也是城市行动主义历史的一部分。

在21世纪初期，城市和大都市地区抓住这种方法的潜力，绿化街道或者激活其他使用方式，这些都比作为停车场更有创意。2008—2009年经济危机以后，公共预算的削减，以及对于行动迅速和低成本的需求，促使地方政府、居民和城市艺术家群体聚在一起，在很多领域都有所创新。

回顾一些先锋实验

波哥大，西克洛维亚

波哥大是第一个把临时关闭主要交通干道作为政策工具的城市。每个星期日，120公里长的林荫道要让位于100万~200万的骑车人、轮滑人、慢跑者和行人，将城市变为一个巨大的公园。最初于1974年由一个小集体发起，自1995年开始改由市体育休闲局管理，西克洛维亚最早提出生态交通与公共健康战略，这一战略已经在世界上60多个城市复制，包括布宜诺斯艾利斯、开普敦、利马、洛杉矶、墨尔本、墨西哥城、迈阿密、里约热内卢、圣地亚哥、圣保罗……，以及巴黎。

洛杉矶，河流复兴

1986年，诗人和社会活动家路易斯·麦克亚当（Lewis MacAdams）创立了"洛杉矶河流的朋友"（FoLAR）协会，当时他就知道复兴洛杉矶的河流几乎是一项不可能完成的任务——渠化、污染和无法靠近，80公里长的河道流经14个市，被垃圾阻塞。他与志愿者一同启动了清理活动和一些小规模项目，并且筹钱资助法律活动、调研和游说政府。1996年，终于使县议会通过了一项修复专项规划，2007年，城市开始实施"洛杉矶河流复兴规划"，到2014年，共有11亿美元的专项资金用于修复河流生态系统，以及滨河城市和休闲开发项目。FoLAR改变了洛杉矶人（Angelinos）认识自己城市的方式，并且鼓舞了其他类似的项目，例如纽约布朗克斯河流绿道、首尔清溪川河流修复以及巴黎大区"比耶夫尔河之友"项目。

阿姆斯特丹，布赖堡海滩

2003年，伊恩堡第一批新房开发建设完成，同时连接到市中心的电车也投入运

> 城市居民不想再等到另一个"2030规划"来见证城市向更好的方向改变

一些战术型城市规划的国际经验影响了其他城市：波哥大的西克洛维亚（上）；旧金山的"通往公园之路"（左下）；蒙特利尔的"解放道路"（右下）

营。问题是没有人想要住在这座"新城"——规划容纳 4.5 万人，建设在易受台风影响和沙质的人工岛上。作为一种战术解决方法，小城布置了一处夏日海滩和一间沙滩咖啡店。这个地方迅速成为阿姆斯特丹人的时髦场地，并且开启了第一批土地和公寓的销售。

旧金山，通往公园之路

2005 年，三位旧金山设计师（雷巴尔组合）临时占用了一个停车场形成"迷你公园"（地垫、人工草皮和一个长椅）。三人组成员之一马修·帕斯摩尔（Matthew Passmore）解释说："政府部门带来的变化太慢了，所以我们决定自己动手"。[3] 此事一经发布在网络上，其做法就赢得了大量的赞许。2011 年，"Park[ing] 日"，一个旨在重塑街道功能的国际事件，最终实施了 162 个城镇的 935 项行动，其中就包括在巴黎大区的约 100 项。这也鼓舞了多个公共空间提升计划的出现，包括旧金山的"通往公园之路"和"街道广场"计划（含 10 年间的 70 项活动），以及巴黎的口袋公园项目（2019 年）。[4]

中国香港，活力九龙东——亚洲的战术思考

启德，香港之前的传奇机场，位于九龙东地区的中心，正在转化为一个新的都市中心（CBD2，或第二中央商务区）。2012年由特区政府创立的机构——活力九龙东办公室（EKEO）负责管理九龙东的转型，战术举措包括在废弃场地采用"场所营造"工具。

"活力九龙东办公室通过温和的行动激活观塘区碎片的工业用地，使各方面能够快速共赢"，高级场所营造经理玛格丽特·陈表示。举例来说："适宜步行的九龙东"项目改造了65处行人交叉口，"为海滨路画绿"项目对旱季截流设备（dry weather flow interceptor）、泵站和垃圾收集站进行了装点，"绿道"项目重整了一些小型地块，方便人们使用。

2013年启动的"飞跃立交桥"项目，目标是将高速公路阴暗的下部空间转化为社交和艺术场所。2017年，一项召集活动为三块场地重新注入活力，他们将集装箱改造成画廊、舞台、小食店、城市农场等，并由一个组织来运营。通过低成本的行动，九龙东办公室旨在指出未来转型的方向，并且允许居民利用在重大城市规划项目没有落地时闲着的空间。■

纽约，广场计划

由珍奈特·萨迪克康（Janette Sadik-Khan）于2009年在纽约交通部启动，这一战术性的时代广场改造项目效果非常震撼：在某一天的晚上，曼哈顿的主要交通枢纽被改造成为一个户外的休闲场所，使用了油漆、花盆和折叠躺椅（他们原计划使用的家具尚未准备好）。这旋即取得了成功，"人们从各地涌来，他们没有讨论百老汇要关门，他们仅仅在讨论躺椅！"。[5]步行者和骑行人都有一个舒适、安全的空间来感受，交通变得更加顺畅。经过长达六年的测试，预演了最终的再开发项目，在2015年得以实现。通过在全纽约的应用，同样的原则在7年时间里适用于60个小型广场，而且造价不高。后来在巴黎大区的小巴黎（"重塑场所"）、蒙特勒伊以及其他一些地方得到推广。

大巴黎的先锋[6]

"空间"城市生态协会于1994年提出重修塞纳河伊西至塞弗斯段的河岸，鼓励多种方式的混合使用（包括园艺、展览和步行），最终在2010年推动了一项程序，使上塞纳市议会放弃了一项快速路项目。取而代之的是一个景观林荫道，更好地融入场地（左岸河谷，2018年开幕）。1995年市长让·提波利（Jean Tibéri）提出的乔治·蓬皮杜快速路周日关闭，算得上一个战术动作吗？不管怎么说，这一举措打开了河岸部分行人空间，最早是在 2002 年夏天的"巴黎海滩"项目，后来是常设的（但工程可逆的）2013—2017 年的塞纳河公园项目。2009 年以来，每年都会在蒙特勒伊 A186 高速公路举办"解放道路"庆典，就是为了作为一种共同建造的工具，改变上蒙特勒伊地区的城市未来。

试验性的城市规划

战术性的参与方法主要关注增强"公共产品"（街道、广场、道路、河流）。它们与在私人所有的棕地上举办快闪文化活动产生共鸣，1990 年以来在柏林、莱比锡、阿姆斯特丹和巴黎等城市出现，自 2010 年，打开一条通往有时被称为"过渡型城市规划"[7]的新路——在原始用途（常常是工业）和最终开发之间的那段"失效的时间"中的活动。这些过渡性的用途使规划项目更加丰富。

为什么这些今天涌现的方法成为完全成熟的规划工具？

首先，它提供了应对一种规划危机的回应，城市居民认为规划太垂直化、太沉重，并且对城市环境的改变太慢，特别是在当今生活方式、实践和经济以无数不同方式不断演变的背景下。这也解释了为什么有些项目刚一落成，就已经在理念上完全落伍了。另外，重大规划项目和交钥匙公私合营项目回应城市居民此时此地愿望的能力，特别是回应弱势群体居民的能力正在被质疑。

其次，存在测试创新解决方案的需要。与之相反的是技术官僚城市规划，表现为高层建筑开发和城市快速路，以及一成不变的投资导向的总体规划，强调一种面向社会变化的集体城市开发过程。在当前的环境、社会和技术转型的背景下，战术的、合作的城市规划提出了一种实验性的方法，寻求实际的和可逆的解决方案，促进更加可持续的发展。[8]最初是由拥有高社会资本的个人发起，这些方法正在一般性的城市政策中寻找一席之地，并将愿景、战略、战术方法，大尺度和小尺度的项目结合起来。

最后，经验和模式的传播速度越来越快。城市居民正在被赋予"控制"他们生活居住环境的使用方式的权力。我们看到他们能够设想城市可能的未来，就像城市规划师齐夫·荷美尔（Zef Hemel）在"阿姆斯特丹 2040"中展示的那样。[9]感谢社交网络，他们能够迅速用资源，在一个社区、一个山谷或者一整片区域的不同尺度上测试一些想法。[10]这些分散的集体智慧由在地的经验、现场的试验、集体研讨会和实时共享的可视化工具推动，会不会把我们变为建筑师阿兰·伦克（Alain Renk）所谓的"70 亿城市规划师"？ ■[11]

1. Jaime Lerner, *Urban Acupuncture*, Island Press, 2015.
2. Mike Lydon et al., *Tactical Urbanism*, Street Plans, 2012.
3. 由作者在洛杉矶访谈得到，2011 年 4 月 24 日。
4. 访谈 Stéphane Cagnot，戴达乐公司总监，巴黎，2019 年 4 月 9 日。www.parkingday.fr.
5. Janette Sadik-Khan et al., *Street Fight. Handbook for an Urban Revolution*, Viking, New York, 2016.
6. Paul Lecroart, *Transitional and Participative Urbanism in the Paris Metropolitan Region*, Urban Environment Design, Beijing, February 2017 (in Mandarin).
7. Cécile Diguet et al., *L'urbanisme transitoire. Optimisation foncière ou fabrique urbaine partagée?*, IAU, 2018.
8. Charles Capelli, Expérimenter pour faire la ville "durablement", Master IUG-UPMF, September 2013. Nicolas Douay and Maryvone Prévot, *Circulation d'un modèle urbain" alternatif"?* EchoGéo n° 36, 2016.
9. Zef Hemel, Masterclass Amsterdam-IAU, May 2013.
10. Paul Lecroart and Laurent Perrin, *Démocratie participative et aménagement régional*, IAURIF, 2000—2001.
11. 访谈 Alain Renk，罗曼维尔，2018 年 5 月 14 日。www.7billion-urbanists.org.

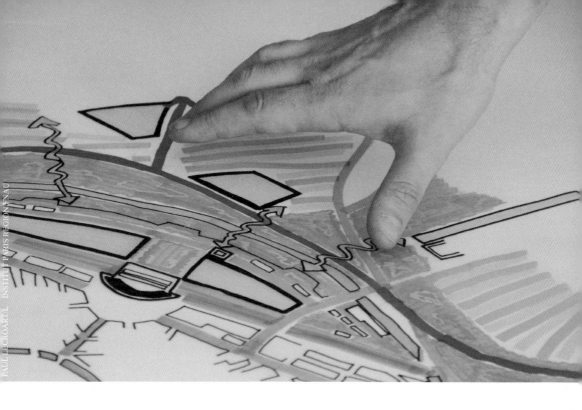

PAUL LECROART INSTITUT PARIS RÉGION/IAU

共同学习：国际规划工作营

智慧是集体的，城市规划从本质来说是协作。
当面对复杂、多面的问题时，
某一个专项的解决方案是否失去了意义？
这一原则是参与式规划工作营背后的思想。
对于城市和专家在国际背景下相互学习，
这些临时的创意空间
产生的跨文化的对话和共同设计是无价的。

****

保罗·洛克哈德，巴黎大区研究院高级城市规划师

工作开始之前需要两个要素：一个无论规模多大但需要转型的区域；一个客户对解决方案并不明晰的发展难题。为什么不聚在一起，在短时间内，一组规划师和设计师能够带着新鲜的眼光看待场地和手中的问题？他们的目标是重新表述问题，并且自由提出创新项目，帮助地方官员延伸思考。如果团队由各种不同年龄的专家组成，专业背景各不相同（景观设计师、生态学家、交通专家和艺术家等），来自不同的文化背景会怎样？对问题的回应能否更加丰富？

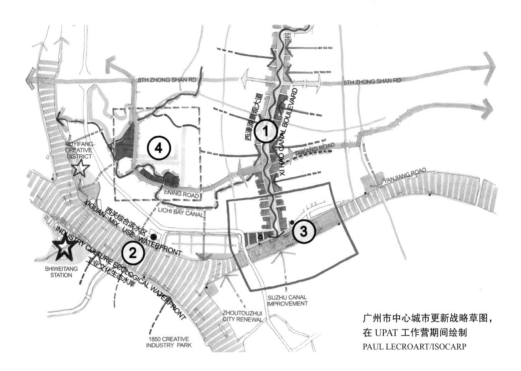

广州市中心城市更新战略草图，
在 UPAT 工作营期间绘制
PAUL LECROART/ISOCARP

国际城市与区域规划师学会（ISOCARP）城市规划咨询团队工作营

ISOCARP 自 2004 年开始在全球范围开展了定制的工作营。对于每个城市规划咨询团队（UPAT），成立一个 7 ~ 9 人的专家团队（包括 1 名项目负责人、1 名报告汇总人、高级和初级规划师）。项目组的任务是在一个相对短的时间内（5 ~ 7 天）为目标区域提出创造性的解决方案和战略性的建议。最后一天，项目组向利益相关人展示成果，然后起草一份报告，在学会的年度世界大会上呈现（2019年在雅加达）。

工作营的目标是打破常规，形成能够改善生活质量的、简单的、可操作和原创的解决方案。如果这些解决方案能够入选，必须在五年之内得到实施。

在要求专业和经验、创新和开放的复杂情况下，工作营创造了附加价值，它们有助于提高人们的意识，制订综合的空间战略，探寻宜居的路径，以及生态、社会和经济方面的解决办法。

2018 年工作营之一是在广州，提出了四个战略性行动区域，以促进城市历史中心实现更新（见上图）。■

马丁·都柏林（Martin Dubbeling），国际城市与区域规划师学会（ISOCARP）主席
更多信息请查询相关网站

不同类型规划工作营的存在，有其自己的方法、时间计划和优势。[1]在法国，由法国城市规划机构联盟（FNAU）运营的城市项目和景观俱乐部工作营，是一个历时 2 天半的活动。这种短时活动带来一种

创意的紧张感，能够催化解决方案的形成，并且围绕一条单一故事线，在不同尺度上抓住地方官员的注意力。巴黎大区研究院也组织了类似的活动，将国际专家与本地专家组合在一起，共同开展为期一周的工

21世纪大都市的生活：Les Ateliers 工作营

Les Ateliers 工作营的形式被证明是非常成功的，自 1982 年以来，已经在几十座城市举办了 95 场会议，包括巴黎、河内、伊尔库茨克、东京、新港（贝宁首都）、维多利亚、常州和瓦尔扎扎特（摩洛哥）。它们的影响力很大。

21 世纪大都市的生活：100 位专家历时 2 年的准备，2018 年在巴黎的工作营将 13 个国家、20 位青年专家聚集在一起。他们的呈现令陪审团震惊，他们想知道"我们错了什么，让这些年轻人能告诉我们这么多东西"。四个团队通过都市生活方式的棱镜，研究了气候变化、技术革命和世界范围内超大城市的增长。

食物占据温室气体排放比例的 1/3，因此"食物和城市"团队反思了农业模式，甚至改变了我们的盘中所有。对于"种子"团队，气候变化意味着

未来已被取消，因此我们必须改变生活方式。面对多样的愿景、利益和地域，为什么我们不从最底层的播种做起？"微观都市"团队关注了巴黎大都市的空间集聚和社会隔离。团队表示，重要的是，将更大的地理区域与本地参与联系起来。"时间革命"团队探索了工作的话题。如果我们每天工作 6 个小时，用不同的方法，更少的通勤，会如何？如果不是围着工作转，而是工作围着我们，会怎样？■

伯特兰・华尼尔（Bertrand Warnier），Les Ateliers 工作营、国际规划和城市设计工作营创始人

让 - 米歇尔・文森特（Jean-Michel Vincent）和索伦娜・萨里（Solenne Sari），2018 工作营协调官

更多信息请查询相关网站

作。Les Ateliers 工作营（见专栏）一般会对一个问题探索四种不同的情形（每个队伍一个），激发高水平国际和本地专家成员的讨论。ISOCARP 的城市规划咨询工作营（见专栏）组建了一个多元背景的项目组，其成员共同工作，形成了考虑到不同方面的一个成果。

这些工作营具有一些相似的特点：

· 目标：开辟可能的领域；鼓励与项目客户的讨论；改变当地的认知；提出战略和行动的工具建议；

· 原则：自愿参与、团队智慧、跨学科对话、自由创造；

· 方法：重新界定问题；多尺度的思考；与客户透明的讨论和实时的交流（通常是地方官员）；推荐将手绘作为表达方式（关掉电脑，至少在第一阶段）。

从客户的视角，工作营的益处是显而易见的：除了有助于推动当地的辩论之外，它们还促使政府官员带着问题重新定位区域。从参与者的视角应对新的问题或者新

阶段的老问题，扩展了经历和视野。例如，中国的一些城市可能会通过这些工作营的形式"购买"自身不具备的国际专业知识，或者推广自己的模式。但总体来说，可持续发展的概念、想法和解决方案正在从南到北、从北到南地传播（如果这些表述在当今还有意义的话）。这使我们能够互相学习。■

延伸阅读

URBAN PLANNING ADVISORY TEAM, TEN YEARS OF UPATS: REFLECTIONS AND RESULTS, INTERNATIONAL SOCIETY OF CITY AND REGIONAL PLANNERS
ISOCARP, 2015.

MAKING THE PROJECT WORK FOR THE TERRITORY: THE WORKSHOP OF THE URBAN PROJECT & LANDSCAPE CLUB
FNAU, 2010.

30 YEARS OF URBAN CREATIVITY: LES ATELIERS INTERNATIONAUX DE MAÎTRISE D'ŒUVRE URBAINE DE CERGY-PONTOISE
Les nouvelles éditions de l'Aube, 2012.

---

1. Paul Lecroart, *L'intelligence de la main est collective. Dessins d'ateliers, in Les Cahiers n° 166*, October 2013.

如何定义 2050 年的城市？

从"汽车导向的城市"到"可持续的城市"，
到现在的"智慧城市"，
近期的城市历史告诉我们，
技术进步和社会需求的同质化，对城市模式创新产生了巨大影响。
如果未来西方城市更加依赖个人主义和消费主义，那会是什么样呢？

****

让·海恩延思（Jean Haëntjens），经济学家和城市规划师、城市战略专家

城市发展，是对客观环境一系列适时适应的结果。城市的历史表明四类要素[1]往往会驱动转型：

· 会导致范式转变的特定约束（生态的、卫生的、经济或政治的）；

· 新技术（混凝土、电梯、火车、汽车等）；

· 意愿和生活方式的明显转变；

· 一个新的参与体系，整合了政治主体（国家、地方政府）、主要的经济主体和城市居民。

汽车导向的规划主导了 20 世纪的下半场，这一过程表现得十分明显。固然是由重要的技术工具（汽车）所推动，但也和个人主义和消费主义意愿（消费型社会）的兴起产生了强烈共鸣，并受到经济主体（道路和燃油的游说者、零售业）的影响，当然也与相关的地方和国家政府对这些私人主体的不作为有关。这一进程的结果就是城市蔓延，并逐渐导致汽车使用对大部分人来说是不可或缺的。同时，使很多城市居民变成了"服务的购买者"。[2]曾经每天生活在兼具工作、社交和见闻功能的紧凑城市中，现在开始在几个越来越孤立的空间中过着不同的生活。这些因素的结合是如此有力，以至于在 20 世纪 90 年代末期，似乎没有什么可以阻挡西方城市发展方式向北美标准看齐，就像戴维·曼金（David Mangin）所谓的"特许经营的城市"。[3]

1995—2000 年以来，出现了关注"可持续城市"的发展模式，寻求与主流的汽车导向城市相反的路径。一些本地机构重申他们的权力，多数欧洲国家（包括一些北美城市）发起了多种行动和技术创新，目的是限制汽车使用，并夺回城市中心。这得到了一些居民的支持，他们关注汽车导向城市的环境约束，并且想换一种生活方式。在很多欧洲国家，政府通过机构改革支持城市赋能运动。21 世纪初，很多城市规划专家认为，通过第一批生态街区体现的可持续城市，可以证明是汽车导向城市的替代方案。对 2050 年的城市幻想都是关于自行车、电车、缆车以及充满社交创

多伦多的 Sidewalk 智慧社区项目是一个大尺度的数据驱动的新城市实验……由谷歌的姊妹公司所有

新的"第三空间"。

从大约 2010 年开始，这一愿景逐渐失去了实施的可能性。尽管可持续城市在市中心受到欢迎，但对于解决郊区问题无能为力。同时，金融危机以后的预算紧缩问题，导致一些国家（包括法国和英国）缩减了对地方政府的资助。主要的数字巨头自动加入了局面，提出新的范式是"智慧城市"，并且带来了双重承诺，不仅许诺技术可以解决城市主要功能障碍，同时还许诺使居民和政府之间的交流更加透明和顺畅，从而革新民主进程。2017 年，既见证了"智慧城市"概念的胜出，也看到了关于继续实施下去的疑惑。多伦多计划由"Sidewalk Labs"[4]开发安大略湖边一块 13 公顷的场地，作为总面积 325 公顷的项目组成部分。同时，脸书和剑桥分析公司的丑闻给假想的数字民主投上了阴霾。智慧的概念失去了它的政治承诺，呈现出一种不太讨人喜欢的光彩——一种"数字服务的城市"，比城市居民更重视"消费者"。[5]

几种不同的城市范式都在为设计 2050 年的城市而竞争。我们还没有听说"老式的"汽车导向城市的终结，甚至它近期仍然受到美国应对气候变化的官方立场的支持。可持续的城市继续向前发展，特别是在北欧，有几个城市都承诺到 2030 年达到"碳中和"。智慧城市的概念仍然有它的吸引力，承诺调和汽车导向城市和可持续城市之间的矛盾，方法是通过自动驾驶（但是其生态价值还远未被证实）。贫穷的、临时的城市有时会产生低成本创新，这对于几十亿人来说不失为一种具有参考价值的选择。不同的城市发展范式在同一个城市聚集区可以共存。

这种同时存在会产生什么样的结果？为了尝试回答这一问题，让我们再来看一下变化的四种主要驱动因素。

· 生态或地缘政治灾难。可能会发生，但是没有什么让我们确信会对流动性相关决策和城市系统组织产生直接影

需要从根本上重新思考汽车导向的城市。图为俄亥俄州阿克伦布一个废弃的购物中心

响。很遗憾，关于"气候灾难预言"的讨论存在局限性，即便几个美国城市（新奥尔良、纽约）已经遭到气候相关灾害的大规模破坏。

· 数字技术。很明显将在很多方面影响城市的运转（使用的方式、不同主体的互动、行为等），但是，与机动车不同，数字技术看起来不大会像安东尼·碧根（Antoine Picon）展示的那样显著影响城市形态。数字技术可以用来运行自动驾驶车辆、自助自行车和无人驾驶公共汽车等。关键的因素（同时也是没有充分考虑的）是技术进步不再单向，这同样适用于能源和交通。汽车在过去几十年里成为城市交通方式的主宰，没有迹象表明它会被另一种单一交通方式所取代，但可能成为几十种以实体和数字化方式相互关联的个体和集体交通模式的解决方案。电力可以通过多种资源的生产（太阳能、风能、生物质能）代替化石能源，最终这些资源一定会在城市环境中找到自己的位置。

· 社会预期变化。当我们考虑当前对"公民赋权"的需求时，要十分谨慎。社会学家发现的另一种动向是需求的个性化，这也导致城市居民的行为更像是"服务的购买者"。2050年的城市还需要考虑需求的多样化，允许代际的、文化的、社会的和种族的差异，它们最终很难得到整体解决。实际上，同一个城市居民根据不同情况，可能表现为苛刻的消费者，也可能表现为慷慨的市民。"公民技术"无法解决这种模糊性的、事实上恰恰相反的作用。技术已经证明它既可以用于捍卫大众利益，又可以用来维护特定压力群体的个别利益。

• 新的行动体系。最后不能不提到的是，公民参与的愿望可能会被政治环境激活（或抑制）。这些不同的因素反映了公民预期的范围，比驱动汽车导向城市发展的"消费主义需求"更加开放。

两种城市愿景的碰撞："政治城市"和"服务城市"

与 1960—2000 年相比，2050 年的西方城市很可能不再受制于技术因素和统一的社会需求。相互关联的主体之间会被赋予更多的回旋空间。因此，城市的未来将更多地取决于政治主体（州、地方当局）、公民和主要经济利益相关者之间的权力和愿景关系。后者很可能是数字经济巨头，或者是他们的后继者，也就是对"城市市场"（交通、住房、物流、服务）非常感兴趣的那些人。他们支持的是基于城市挑战的愿景，与传统"政治城市"的愿景相去甚远，也就是指由民选市长管理且体现符合公共利益的长期愿景。智慧城市提供的是一种数字化的城市，包括服务，一种真实的和虚拟的购物场所，实时回应消费者的需求，并且由算法来控制。两种城市愿景之间的冲突也因此不可避免，并且事实上已经发生（例如最近伦敦和优步之间的对峙）。产生的结果部分依赖于两个阵营建立的联盟。例如北欧的一些国家，很可能继续增强地方政府的权力和竞争力，认为政府是驱动生态转型本质上的中间人。相反，其他一些国家则会接受数字巨头运转城市的规则。后者可能与那些帮助创建汽车导向城市的一方合作，比如最近在法国，亚马逊和卡西诺、谷歌和欧尚达成的合作。

尽管 20 世纪的下半场以无法否认的西方城市发展模式趋同为特征，但未来的 30 年很可能会出现发散的趋势。不同的模式与交通系统、城市形态、城市主体之间的关系，以及最终城市战略的目标有关（是"政治城市"还是"服务城市"）。

同时，新兴国家受到激励去创造属于自己的模式，特别是应对未来仍有 20 亿～30 亿规模的新增城镇人口。他们不一定与发达国家采用同样的技术，也不会回应同样的期待，毋庸置疑，他们的利益相关者之间关系也不同。■

延伸阅读

COMMENT LES GÉANTS DU NUMÉRIQUE VEULENT GOUVERNER NOS VILLES
HAËNTJENS Jean, Rue de l'Échiquier, 2018.
SMART CITIES: A SPATIALISED INTELLIGENCE
PICON Antoine, Wiley, 2015.

———

1. Jean Haëntjens and Stéphanie Lemoine, *Éco-urbanisme*, Écosociété, 2015.
2. Olivier Piron, *L'urbanisme de la vie privée*, Éditions de L'Aube, 2015.
3. David Mangin, *La ville franchisée*, Éditions Parenthèses, 2003.
4. Alphabet 所属公司，类似于 Google。
5. 详见 2018 年 1 月的 Urbanisme 期刊，名为 "Qui gouvernera la smart city ?"

全球城市的未来：应对和改变

本书面市正处于全球化、城镇化及其产物全球城市故事中的一个重要时间点。
过去的 10 年，
自全球金融危机及其余波以来，或多或少地出现了一种辩论，
即关于 20 世纪 90 年代和 21 世纪初的超级巨星城市
（纽约、伦敦、巴黎、东京、香港和新加坡），
事实上是失败，而不是成功的典范？

****

格雷格·克拉克（Greg Clark）教授和蒂姆·穆南（Tim Moonen）博士，伦敦大学学院城市商业智库

尽管之前普遍认为全球城市作为总部所在地、高等级服务的提供者和吸引大都市人才的磁石，在承担全球化经济枢纽，以及生产力加速器方面发挥了重要作用，但有一些学者和媒体评论员近来更强调当今全球城市的考验和磨难。这些困难包括住房和房地产市场的通胀、在国内经济和劳动力市场中的向心力、房地产和其他资产的金融化角色，以及所谓"都市精英"越来越属于"任何地方的居民"，而不是属于"某一地方"。全球城市的这些特点都可以看作全球城市模式不稳定的证明，有可能造成无情的衰退。它们经常被援引用来主张紧急改革，以防止出现更多扭曲。

结果就是目前出现了对于全球城市利与弊更加开放和持续的讨论，以及在有全球城市的体系和没有全球城市的体系之间做更多的比较。

在《世界城市与民族国家》[1]一书中，我们尝试回答这些争论。我们提出了一个公式，表达世界城市和其所在国家经济之间"输入和输出"的互惠关系，提出证据更加确凿的讨论，既包括全球城市对国家经济能够贡献什么，又包括如何制定一项改革议程，以更好地优化世界城市在所在国家城市体系中的角色。

所有这些都意味着全球城市的未来是开放的。[2]它们可能证明在经济上必要，政治上困难，或者在社会层面重要但会破坏环境。

更多的全球城市，以及更多的全球化方式

展望未来，我们可以从三个维度思考全球城市在未来 30 年的时间会如何发展。

到 21 世纪中叶，几乎可以确定会出现更多的全球城市。尽管当前在多边贸易协定方面存在一些挑战，但仍然存在跨境流通的潜在增长，包括商品、服务、资本、

中国江苏省江阴市：走向一种大城市与其区域之间的新型关系？

人员和思想等，所有这些都可以得到新兴技术和地理空间发展的支持，从而推动了需求。尽管在特定问题上的政策可能会陷入消极的民粹主义循环，例如全球贸易、国际援助和移民等，但仍然有强大的推力继续促进和加深全球的相互依赖。这种相互依赖为更多的城市带来财富和专业知识，以获取成功全球化的大都市地区的关键特征。[3]

思考未来全球城市的发展，如果简单照搬纽约、伦敦、巴黎或东京过去的做法，就已经不大合理了。与仲联量行城市研究中心合作开展的研究发现，至少已经出现了10种类型的全球城市，根据每个城市在全球经济中的独特角色，每种类型具有共同的路径和要求。

成熟的六个或七个城市的集团仍然在全球经济中承担着"决策和控制"的作用，与此同时，第二种类型的城市，包括悉尼、旧金山和多伦多，它们正在取得全球资本和更广阔的人才群体的信赖，可以竞争更多高端的城市功能。这些城市有各自不同的紧迫需求，特别是在基础设施"追赶超越"方面，通过改善区域联系取得更大的信用规模。

其他类型的全球城市也在出现，近些年来越来越清晰。以科学和技术见长的全球城市（特拉维夫和奥斯汀），需要通过有吸引力的生活方式和多元的国际都市文化补充其创新优势。紧凑城市和高质量公共服务的标杆城市，例如温哥华和哥本哈根，面临调动或提供大规模土地以服务未来增长的挑战。机构和外交影响力的中心在如何进行多样化和利用

**全球城市的模式面临压力
——呼唤改革**

187

固有地位在其他领域获得知名度方面面临困境。我们还可以发现新兴的超大城市和多样化的商品枢纽城市之间的共同点。未来几十年将出现更多类型的全球化城市，每一个都在争取特定类型的有竞争力的活动，需要有效的模式和标识性发展和维持这些角色。

城市全球化的改革模式

长远来看，我们可以发现未来驱动全球城市模式改革的三种压力。

第一，需要在多个领域对全球城市的规划、治理和领导方式进行改革。这些领域包括基础设施、空间规划和住房政策，市场主导的解决方案在解决住房资产金融化的通货膨胀效应方面应对失效。很有可能对社会和公共住房所有权模式引发新的兴趣点，并且在更大尺度上寻求住房供应的方案，该方案将引入更有野心的空间发展行动，或者使更多雇主直接参与住房供应。我们预期全球城市会有力地推动采取更加积极的经济包容政策和激励措施。全球城市将更多地寻求成为智慧城市，装备更加交互的系统，通过提供交通、能源、食品和社会服务等方面的数字平台更广泛地利用规模优势。

第二，全球城市与国家和政府的关系也是改革的焦点。在中央政府高度参与的更加集中化的国家里，主要城市和国家之间的合作交换越来越多，主要是为了"交换"这些城市的灵活性和资源，以换取城市对国家的团结作出更大贡献。这些全球城市发现它们必须向国家证明其整体价值，并采取更多积极的做法，发挥自身优势使其他中心、城市和地区受益。与国家和联邦政府关系较为疏远的城市需要建立更广泛的联盟，争取利于成功的政策。一些更加自治的全球城市需要在自我完善的同时，更加关注相邻地区的发展。

第三，全球城市需要在更广泛的城市和地区体系中认识到责任。它们作为区域层面、国家层面甚至大陆层面系统的一部分，不仅为自身带来机会，同时有责任与相邻地区和更广泛的城市网络建立积极的伙伴关系，承担多样的独特功能。全球城市和乡村地区的关系将会有新的关注点。新技术带来新机遇，包括去中心的、去关联的和去聚集的全球城市，或者成为谨慎规划的对象，或者成为一种混乱的过程，引发纠纷和冲突。还将产生创造性的潜力，既重新塑造全球城市及其经济和内部体系，又重新构建它们与国土框架中其他部分的关系。

为了使这些本质的改革成为现实，全球城市需要依靠其他领域的进展：包括在衡量标准和城市科学方面的进展；更好地建立网络，减少全球治理可能出现的地区差距；与商业世界实现更明确的平衡，如

未来全球城市的驱动力

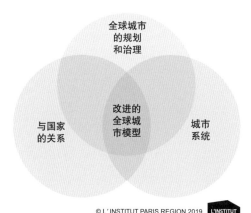

© L'INSTITUT PARIS REGION 2019
资料来源：T. Moonen and G. Clark

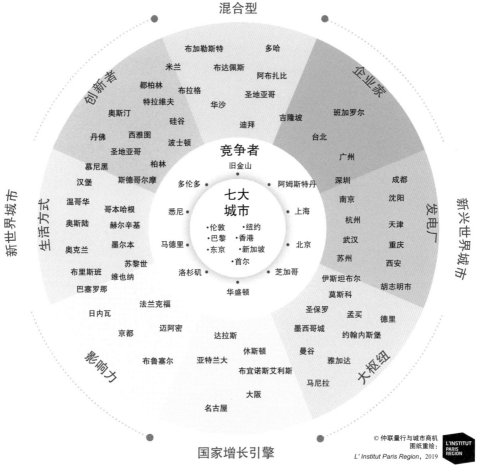

世界城市的类型

混合型

创新者　　企业家

布加勒斯特　多哈
米兰　布达佩斯
都柏林　布拉格　阿布扎比
特拉维夫　圣地亚哥
奥斯汀　华沙
硅谷　迪拜　吉隆坡　班加罗尔
丹佛　西雅图　波士顿　台北
圣地亚哥　广州
慕尼黑　柏林　竞争者　深圳　成都
汉堡　斯德哥尔摩　旧金山　南京　沈阳
温哥华　哥本哈根　多伦多　阿姆斯特丹　杭州　天津
奥斯陆　赫尔辛基　悉尼　七大　上海　武汉　重庆
奥克兰　墨尔本　城市　北京　苏州　西安
苏黎世　马德里　•伦敦　•纽约　伊斯坦布尔　胡志明市
布里斯班　维也纳　•巴黎　•香港　莫斯科
巴塞罗那　•东京　•新加坡　圣保罗　孟买　德里
洛杉矶　•首尔　芝加哥　墨西哥城　约翰内斯堡
法兰克福　华盛顿　曼谷
日内瓦　雅加达
京都　迈阿密　达拉斯　马尼拉
布鲁塞尔　亚特兰大　休斯顿
布宜诺斯艾利斯
大阪
名古屋

新世界城市　生活方式　发电厂　新兴世界城市

影响力　大枢纽

国家增长引擎

© 仲联量行与城市商机
图纸重绘：
L' Institut Paris Region，2019

今商界既要寻求参与更多全球城市的领导，也要促进更广泛的全球化城市网络。

　　改革的周期在很多国家已经开始，但还远没有结束。这些改革能走多远？能否找到一条路，既获得全球城市模式的优点，又能在空间团结和可持续发展方面产生更好的成效？这将决定民众是否继续支持全球城市，全球城市的概念是否能维持其发展势头，或者仅仅被视为 20 世纪末和 21 世纪初昙花一现的一种现象。■

1. *World Cities and Nation States*，Clark & Moonen，Wiley，December 2016.
2. *The Future of Cities*：*Global Review*，Moir，Moonen，Clark，UK Gov.，2014.
3. *10 Traits of Globally Fluent Cities,* International Edition, Brookings Institution, 2014.

观点

对话："大城市的风暴警告！"

帕特里克·勒·盖勒（Patrick Le Galès），法国国家科学研究中心研究总监，巴黎政治学院城市学院院长、教授，英国科学院院士

问：这本书中的研究案例呈现出大城市的一种精神分裂，在竞争力和想要实现更加包容的模式之间撕扯。您也这样认为吗？

帕特里克·勒·盖勒： 我更想说这是城市发展的基本矛盾：城市都要实现经济发展、吸引人口和投资，以及促进不同群体之间的互动，但与此同时，城市总是存在显著的不平等，特别是在快速增长时期。

我们目前可以更加尖锐地感受到这一现象，是因为相比于过去，城市对当代社会的形成和组织发挥着更为重要的作用。主要城市是社会和政治现象的集中。但是，如果说这些冲突在城市时代被激化，那么它主要是因为城市在创造财富和组织社会群体关系中发挥了更加重要的作用，而国家在促进再平衡方面的重要程度就没有这么大。

大城市仍然是人们获取公共产品、健康和教育的首选地。最近在美国，一位名为拉结·恰提[1]的学者进行了有启发的研究，提出城市比以往任何时候都扮演了"社会阶梯"的角色。他的调查表明，近30年以来，一名孩童从蓝领背景成长为职业经理人的概率越来越与他是否居住在城市里有关。美国的主要问题是，就住房而言，城市越来越难以进入，至少在代表美国最多财富，同时也是向上动机最强烈的12座城市是这样的。官方智库"法国战略"在法国开展了一项类似的调查。在很多国家，城市地区的预期寿命明显高于农村地区。美国预期寿命总体在下降，但在纽约和洛杉矶是提高的。

尽管存在很多问题，城市仍然是（扮演着）社会阶梯

尽管如此，大都市化的黑暗面越来越强也是事实。污染、基础设施缺乏维护、投资难以满足需求等问题正在增加。这些冲突也是真实的：城市越大，它们组织公共产品生产的能力就越复杂。同样，经济越发达，吸引的人越多，收入差距就越大。

问：所以说大城市当今确实遵循共同的发展轨迹？

帕特里克： 是的，这种比较使我作出假设，尽管特点不同，但这些矛盾正在成为所有世界大城市的主要问题。

在非洲，例如拉各斯（尼日利亚），我们看到它的商业街区比主要的北方城市现代得多，但同时还有贫民窟。这种对比很强烈，但是拉各斯和洛杉矶的问题并没有什么不同：交通、基础设施、人口吸引力、不同社会群体的共处、资本流通，公共财富生产等。但是拉各斯的问题与尼日利亚其他地区却越来越不一样。

事实上，我们开始思考城市政策在某种程度上正在走向一致。《国家的视角》(*Seeing Like a State*)[2]一书讲述了国家如何孕育和改变社会。类比来说，我们正在见证一个"城市的视角"世界的出现。大的世界城市在很大程度上存在同样的问题，因此指向了共同的政治议程。举例来说，解决方案

> 一个"城市的世界"正在出现，扩大了与世界其他地区的差距

和战略规划可以相互交换。越来越多的大公司专注于城市环境领域（电信、建筑等）。存在一个"城市的世界"，就是开始在世界范围更好地融合，企业战略、世界银行、国际咨询机构和研究者发挥了重要的作用。这不仅是想法的流通，也是一种所有权／占有方式的改变。我们可以在交通领域，比如说共享单车和快速公交（BRT）系统发现它们。这些转移不仅是从北到南地发生——可以是在拉丁美洲和亚洲产生，然后在伦敦和巴黎适用。城市和国家有不同的行为逻辑和方式：对于更加扁平化，并且不同的利益群体之间往往可以商榷的城市。

问：但是不是有很多不同模式的大都市呢？

帕特里克：当然还有其他不同的变量。如果想要建立对大都市的分类，我们可能有必要把经济变量，例如财富水平和生产力，以及可以评价治理模式的政治变量融合在一起，还需要考虑时间因素。

分类通常过于静态，并且不会考虑中期的变化。比如说，洛杉矶经常被描绘成一种与世界其他地方不同的城市。但是过去30年这个城市做了什么呢？一个教堂、一些文化设施、重新设计的广场。城市的领导者正在投资公共交通，增加城市的密度。观察城市发展轨迹可以帮助我们发现事情是怎样趋同的。我们在圣保罗和墨西哥城所做的工作说明，问题不是它们与巴黎和伦敦不可比较，而只是存在时间上的延迟。

相对而言，更直接可比的案例能够显示出根本的分歧。伦敦会更靠近巴黎模式，就像市长宣布的那样，通过规范房地产投资的方式？或者更可能的是，因为已经脱欧，伦敦会更向香港和迪拜那样的城市看齐，专注一种基于金融吸引力的发展模式？

观察由集聚或扩散运动导致的变化趋势是很有趣的。萨斯基亚·萨森（Saskia Sassen）提出一个假说——全球城市是规则的例外。[3]她对全球城市的直觉是敏锐的，但却错误地认为全球化的进程会停留在一个小圈子里（纽约、伦敦、东京）。金融化城市模式的未来会怎样？是集中到特定的几个城市，而与此同时，其他城市基于既定的规则寻求另外的模式？还是会扩大到很多城市？

"我们需要更多大城市的比较研究"

我们不应该低估大城市发展轨道相关知识的局限性。长期以来，我们手中缺乏该领域的研究资料，因为很少对城市研究进行比较。重要的差异存在于各个学科之间。目前在重要的地理研究领域已经积累了大量工作，这具有认知意义的启发性，但缺乏实践基础。主要缺少的是严谨的实地工作。

另外，研究对象有时定义不清。很大一部分比较的论述是由城市战略和规划专家给出的，它提供了一些有趣的素材，但是也留下了很多尚未探究的领域。有一种趋势是将研究大城市管理减至研究城市规划的实施领域，而后者仅是公共政策的一个组成部分。这些研究只能告诉我们城市故事中的很小一部分。例如，我们传统上认为新德里是缺少政府治理的，因为城市规划在那里得不到实施：它忽略了很重要的教育、社会甚至环境政策构建城市发展的现实存在。这是巴黎政治学院一个研究项目关注的重点，名为"大都市什么可以治理而什么不能？"，研究倾向于认为大城市治理是逐渐增强的！

最后需要提到的是，很显然，因为城市规划师对城市中发生的事情，以及城市之间的关系非常着迷，他们对于城市和国家之间的关系常常展现出极为天真的一面，甚至缺少一种基本的理解能力。然而这些关系仍然是城市转型的基本要素，并且对解释城市差异大有帮助。

为了应对这种针对主要世界城市的认识、评价、分析和比较的明显不足，需要重塑知识、概念和方法。最近有一本书，由布鲁诺·科森（Bruno Cousin）编纂，关注了城市研究的比较。*迈克·斯托普（Michael Storper）和我正在试图将严肃科学的概念用于城市实践比较研究之中。我们能够在巴黎政治学院的城市学院开展研究，更具体地说，是由"城市在回归市中心"研究小组开展。这个跨学科的团体包括经济学家、社会学家、政治学家、人类学家、规划师和地理学家。它的核心研究始于4年前，将持续10年，比较了一系列城市的公共政策和治理问题：圣保罗、墨西哥城、伦敦和巴黎。我们的目标是每个城市出版一本书，我们进行比较分析，积累了对各种各样主题的实证研究，包括行为者网络、商业区、公用事业、腐败等。第二组城市也用于比较，基于对伊斯坦布尔、迪拜、约翰内斯堡、马尼拉、北京和洛杉矶的更有针对性的工作。■

---

* Jean-Yves Authier, Vincent Baggioni, Bruno Cousin, Yankel Fijalkow, Lydie Launay, *D'une ville à l'autre, la comparaison internationaleen sociologie urbaine*, La Découverte, 2019.

问：带着事后 10 年的优势，我们能说 21 世纪 10 年代的金融危机确定了城市的命运，确定了它们在地缘政治方面的主导地位吗？

在 21 世纪，大城市正在日益成为领路者，成为靶子

帕特里克：对于我来说，金融危机只是确认了已经形成的那些城市状况。那些运动可能使住房价格和不平等更加严重，但还延续着已经形成的道路。从某种意义上来说，真正新鲜的是本已困难的城市衰落加剧，本已脆弱的城市被推向了边缘。有活力的城市和大城市的地位得到了确认。

另外，在未来 20 年或 30 年可能存在一些明显的变化。这让人想起 1865 年的欧洲——那个工业革命和政治革命的时代。首先，在 21 世纪的世界，大城市越来越处于领先地位，但是也越来越成为靶子。它们很可能发现自己被质疑城市环境的世界性力量所颠覆，也可能在未来 30 年的时间出现反转，大都市带头发展的动态将终结？其次，鉴于现在的人工智能仍处于起步阶段，技术进步可能被推翻。再次，为应对气候变化，我们如何能够生产公共财富，同时管理资源紧缺和环境约束？最后，我们仍然处于巨量人口在世界流动的周期中，同时城市人口仍在增长。这些大城市的人口越来越多元，该如何治理？

如果把这一切连起来看，我们可以说"大城市的风暴云正在聚集！"

问：在您描述的这种城市与国家差异的背景下，这些问题是否会通过大城市与所在区域的进一步融合而得到解决？

帕特里克：我们能看到区域城市在一些场合强调自己。这可能是一种被强化的模式，为了回应城市与国家日益增长的冲突。我们可以在迪拜和阿联酋之间观察到这种模式，在美国亦是如此。在巴西新的政治背景下也可能出现。如同巴塞罗那与加泰罗尼亚所表现的，区域为城市带来了更多的资源。这对于巴黎和巴黎大区也是一个有意思的问题。

但这是很多模式中的一种。决定性变量仍然是集体行动的能力。这是斯堪的纳维亚城市最大的优势。投资交通或教育，吸引激烈的竞争，解决污染的问题，毫无疑问会终止城市吸引力的减退，这不是由城市自己能完成的，还需要依靠合作，特别是与国家政府的合作。■

保罗·洛克哈德、里奥·福库奈和马克西米利安·高力克采访

---

1. *The Fading American Dream*: *Trends in Absolute Income Mobility in the United States* （Nadarajan Chetty, David Grusky, et al.）, in Science 356（6336）, pp. 398-406, 2017.

2. James C. Scott, *Seeing Like a State*: *How Certain Schemes to Improve the Human Condition Have Failed*, New Haven, Yale University Press, 1998.

3. Saskia Sassen, *The Global City*: *New York*, *London*, *Tokyo*, Princeton University Press, 1991.

20座
世界最大的城市*

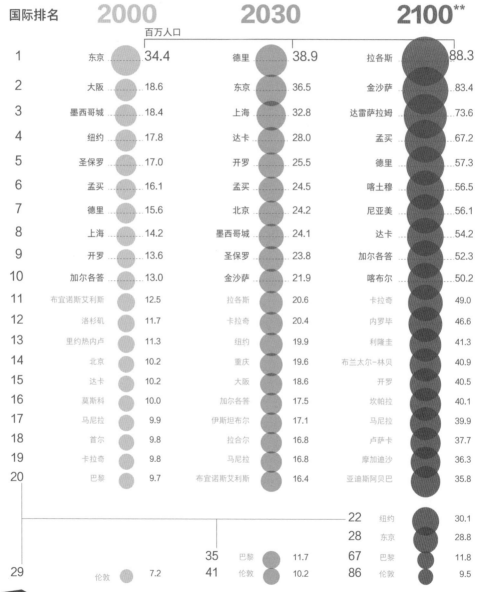

国际排名	**2000**		**2030**		**2100****	
	百万人口					
1	东京	34.4	德里	38.9	拉各斯	88.3
2	大阪	18.6	东京	36.5	金沙萨	83.4
3	墨西哥城	18.4	上海	32.8	达雷萨拉姆	73.6
4	纽约	17.8	达卡	28.0	孟买	67.2
5	圣保罗	17.0	开罗	25.5	德里	57.3
6	孟买	16.1	孟买	24.5	喀土穆	56.5
7	德里	15.6	北京	24.2	尼亚美	56.1
8	上海	14.2	墨西哥城	24.1	达卡	54.2
9	开罗	13.6	圣保罗	23.8	加尔各答	52.3
10	加尔各答	13.0	金沙萨	21.9	喀布尔	50.2
11	布宜诺斯艾利斯	12.5	拉各斯	20.6	卡拉奇	49.0
12	洛杉矶	11.7	卡拉奇	20.4	内罗毕	46.6
13	里约热内卢	11.3	纽约	19.9	利隆圭	41.3
14	北京	10.2	重庆	19.6	布兰太尔-林贝	40.9
15	达卡	10.2	大阪	18.6	开罗	40.5
16	莫斯科	10.0	加尔各答	17.5	坎帕拉	40.1
17	马尼拉	9.9	伊斯坦布尔	17.1	马尼拉	39.9
18	首尔	9.8	拉合尔	16.8	卢萨卡	37.7
19	卡拉奇	9.8	马尼拉	16.8	摩加迪沙	36.3
20	巴黎	9.7	布宜诺斯艾利斯	16.4	亚迪斯阿贝巴	35.8
22					纽约	30.1
28					东京	28.8
35			巴黎	11.7		
67					巴黎	11.8
41			伦敦	10.2		
86					伦敦	9.5
29	伦敦	7.2				

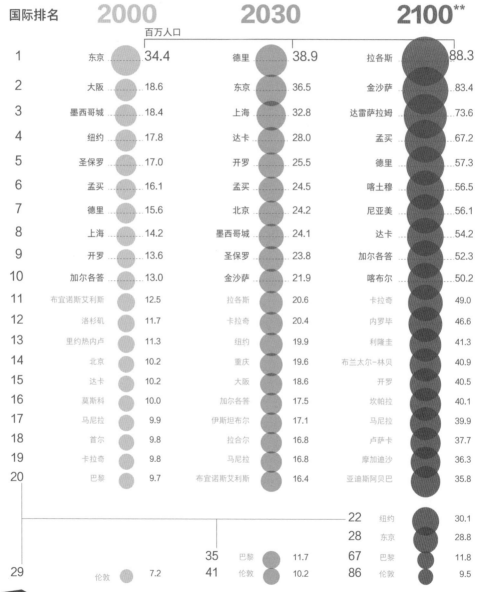

© L' INSTITUT PARIS REGION, 2019
资料来源：联合国，世界城市化展望，2018年修订版。

* 指都市连绵区的人口。

** 由D.HOORNWEG 和 K. POPE K预测，在世界城市化展望数据基础上外推。
详见21世纪世界大城市人口预测，2017年。